职业教育增材制造技术专业系列教材

逆向工程 与产品创新设计

主　编　刘　鑫　张　琛

副主编　高奇峰　李秀磊　刘长生　李红莉

参　编　夏伶勤　邵思程　包云钧　杨成志

　　　　陈启佳　卢　红　戴圣杰　林嘉豪

　　　　林泽生　杨　帆　贾晓燕　彭增鑫

　　　　王江涛　洪文静

主　审　杜海清

U0380014

机 械 工 业 出 版 社

本书由一线教师和实践经验丰富的企业工程师联合编写，以企业核心岗位职业能力要求为培养目标，结合个性笔架、升降座椅把手、弧面凸轮和水陆两栖车四个真实案例，以逆向工程技术为手段，具体讲解了新产品创新设计开发的具体工作流程；通过使用桌面式三维扫描仪、蓝光三维扫描仪、手持激光三维扫描仪和逆向设计软件Geomagic Design X，详细介绍了三维点云数据采集、点云数据处理、逆向曲面设计、产品结构设计、产品创新设计等内容。

本书在编写过程中，采用"校企合作"模式，企业工程师参与教材编写并制作配套设备操作视频进行授课，选用了大量来自行业、企业的真实应用案例视频和图片，内容浅显易懂并具有吸引力，可极大地激发学习者的求知欲。

为落实党的二十大报告中关于"推进教育数字化"的要求，运用"互联网+"的形式，在重要知识点处嵌入二维码，方便读者理解相关知识，进行更深入的学习；同时在浙江省高等学校在线开放课程共享平台（www.zjooc.cn）配套建设了在线开放课程，方便学生自学或者教师开展线上线下混合教学。

本书既可以作为职业院校机械设计与制造、数字化设计与制造技术、增材制造技术、模具设计与制造、工业设计、汽车制造类专业的教材，也可以作为从事逆向工程及产品创新设计应用技术人员的培训教材或参考书。

为便于教学，本书配套有电子课件、教学视频等教学资源，选择本书作为教材的教师可登录www.cmpedu.com网站，注册后免费下载。

图书在版编目（CIP）数据

逆向工程与产品创新设计 / 刘鑫，张琛主编.
北京 ：机械工业出版社，2024.8. –– (职业教育增材
制造技术专业系列教材). –– ISBN 978-7-111-76254-6

Ⅰ. TB472
中国国家版本馆CIP数据核字第2024JM6772号

机械工业出版社（北京市百万庄大街22号　邮政编码100037）
策划编辑：黎　艳　　　　　责任编辑：黎　艳
责任校对：韩佳欣　王　延　　封面设计：王　旭
责任印制：张　博
天津市光明印务有限公司印刷
2024年9月第1版第1次印刷
210mm×285mm・15印张・350千字
标准书号：ISBN 978-7-111-76254-6
定价：49.00元

电话服务　　　　　　　　　　网络服务
客服电话：010-88361066　　机　工　官　网：www.cmpbook.com
　　　　　010-88379833　　机　工　官　博：weibo.com/cmp1952
　　　　　010-68326294　　金　书　网：www.golden-book.com
封底无防伪标均为盗版　　　　机工教育服务网：www.cmpedu.com

前　言

党的二十大报告把大国工匠和高技能人才培养纳入国家战略，将教育、科技、人才三大战略一体统筹，共同服务创新型国家建设，同时提出"推进新型工业化，加快建设制造强国、数字中国"。

逆向工程技术作为新产品研发数字化设计的重要技术手段，在缩短产品开发周期、提升产品竞争力中发挥着越来越重要的作用，已经广泛应用在汽车工业、航空航天工业、机械工业、消费性电子产品等领域。越来越多的企业将逆向工程技术应用于新产品研发中，企业对逆向设计和产品创新设计相关高素质高技能复合型人才的需求量逐年增多。为了满足企业对逆向设计相关岗位的人才需求，许多职业院校在机械或者增材制造相关专业开设了逆向设计和产品创新设计相关课程。本书结合企业真实案例对逆向工程技术的具体应用进行讲解，使学生具备逆向工程技术的专业知识，掌握产品快速开发的过程和方法，为企业培养具有逆向设计和产品创新设计能力的高素质高技能复合型人才。

本书按照活页式教材思路编写，在突出职业技能应用能力培养的指导思想下探索现代的高职教育形式，结合企业真实项目，以逆向工程技术为手段，具体讲解了新产品创新设计开发的具体工作流程。通过四个典型案例的详细开发过程详细介绍了逆向工程技术、三维扫描技术、逆向造型、产品创新设计、3D打印技术等在新产品开发过程中的应用。项目一来源于企业横向科研项目，通过个性笔架快速产品开发及创新设计，介绍逆向工程技术及其应用、三维扫描技术及常见三维扫描仪的选型；项目二来源于生活实际，通过升降座椅把手快速修复案例，介绍蓝光三维扫描仪的使用、逆向曲面设计方法、3D打印验证设计结果；项目三来源于企业实际案例，通过弧面凸轮逆向扫描及质量检测，介绍激光三维扫描仪的使用、产品快速质量检测方法；项目四来源于全国职业院校技能竞赛真题，通过水陆两栖车逆向造型及创新设计，介绍双光源手持三维扫描仪的使用、逆向设计、产品结构设计、产品创新设计思路及方法，培养学生的综合职业能力。

本书具有以下特色：

1. 标准引领，依据职业能力标准制订教材内容和考核标准

本书案例教学内容按照增材制造模型设计等相关职业能力标准进行设计，同时以全国职业院校技能大赛高职组"数字化设计与制造"和"工业设计技术"赛项为载体，结合历年大赛真题的案例和合作企业真实案例进行教学，将大赛的评分标准结合企业岗位要求引入课程的评价体系，从而有效提高学生产品创新设计的能力、分析和解决实际工程问题的能力。

2. 产教融合，对接行业龙头企业引入新技术、新工艺、新设备

本书联合三维扫描仪行业龙头企业——先临三维科技股份有限公司校企共同开发编写，以企业核心岗位职业能力要求为培养目标，引入三维扫描行业的新技术、新工艺和企业真实生产项目，企业工

程师参与教材编写并制作配套设备操作视频进行授课，使用当前最新的三维扫描设备和逆向设计软件详细讲解逆向工程技术在新产品创新设计开发的具体应用。

　　3. 任务驱动，按照逆向研发设计具体工作过程开发活页式教材

　　按照逆向工程技术实际应用的具体工作流程，以产品的逆向造型和创新设计过程为主线，以综合职业能力培养为目标，以学生为中心，根据典型工作任务和工作过程设计一系列模块化活页式学习任务。每一个任务活页都根据教学内容设置了对应的思政视角，无声地融入思政元素，达到知识传授和价值引领相统一的目的，实现教育全程育人。

　　本书由刘鑫（浙江工业职业技术学院）、张琛（先临三维科技股份有限公司）任主编，高奇峰（浙江工业职业技术学院）、李秀磊（先临三维科技股份有限公司）、刘长生（浙江工业职业技术学院）、李红莉（浙江工业职业技术学院）任副主编，夏伶勤（浙江机电职业技术学院）、邵思程（衢州职业技术学院）、包云钧（贵州交通职业技术学院）、杨成志（楚雄技师学院）、陈启佳（广州市技师学院）、卢红（上海市大众工业学校）、戴圣杰（浙江工业职业技术学院）、林嘉豪（浙江工业职业技术学院）、林泽生（广州市工贸技师学院）、杨帆（玉环县中等职业技术学校）、贾晓燕（绍兴市中等专业学校）、彭增鑫（绍兴市中等专业学校）、王江涛（先临三维科技股份有限公司）、洪文静（先临三维科技股份有限公司）参加编写。由杜海清主审。在本书编写过程中，得到了先临三维科技股份有限公司的大力帮助，在此表示衷心的感谢！在编写过程中，编者参阅了国内外出版的有关教材和资料，在此谨向相关作者一并表示衷心感谢！

　　由于编者水平有限，书中不妥之处在所难免，恳请读者批评指正。

编　者

二维码索引

（续）

名称	二维码	页码	名称	二维码	页码
1-1-21　服装智能化定制		12	1-3-4　笔架曲面质量检查		34
1-1-22　元宇宙太空支援		12	1-3-5　笔架数据输出		34
1-1-23　机器人自动检测		12	1-4-1　笔架创新设计		47
1-2-1　三维扫描仪选择		16	1-4-2　笔架创新设计效果展示		47
1-2-2　三维扫描仪硬件安装		16	1-4-3　3D 打印切片		47
1-2-3　三维扫描仪标定		16	1-4-4　3D 打印展示		47
1-2-4　河豚笔架三维数据采集		17	1-4-5　十二生肖鼠首模型点云数据		54
1-2-5　点云数据输出		17	1-4-6　三星堆青铜人头像模型点云数据		54
1-2-6　笔架点云数据		30	1-4-7　"撸起袖子加油干"工艺品点云数据		55
1-3-1　笔架三角面片构建		33	1-4-8　模拟飞行操纵杆点云数据		55
1-3-2　笔架坐标系构建		34	2-1-1　升降座椅把手扫描方案设计		60
1-3-3　笔架快速曲面重构		34	2-1-2　升降座椅把手表面喷粉操作		60

（续）

（续）

名称	二维码	页码	名称	二维码	页码
2-4-7　灯罩壳点云数据		112	3-2-7　小尺寸工件扫描案例		136
2-4-8　万向节内套点云数据		112	3-2-8　精细特征扫描案例		136
2-4-9　水龙头点云数据		112	3-2-9　壁厚 1mm 叶轮扫描案例		136
3-1-1　标志点的作用		124	3-2-10　刚性物体的扫描		138
3-1-2　标志点多视数据拼接原理		124	3-2-11　柔性物体的扫描		138
3-1-3　激光三维扫描仪产品简介		125	3-2-12　双目扫描仪须知		140
3-2-1　弧面凸轮粘贴标志点		129	3-2-13　手持扫描距离须知 1		140
3-2-2　激光三维扫描仪硬件安装		129	3-2-14　手持扫描距离须知 2		140
3-2-3　激光三维扫描仪标定		130	3-2-15　弧面凸轮扫描数据		140
3-2-4　弧面凸轮三维数据采集		130	3-3-1　弧面凸轮坐标系构建		145
3-2-5　弧面凸轮点云数据输出		130	3-3-2　弧面凸轮点云数据展开		145
3-2-6　标志点的粘贴及使用		135	3-3-3　弧面凸轮逆向设计		145

（续）

（续）

（续）

目　录

  本项目学习情境来源于企业工程实际，该项目是某文创用品公司委托本校模具技术研究所对图 1-0-1 所示的河豚笔架文镇进行个性笔架快速产品开发。该河豚笔架造型小巧、圆润可爱、寓意吉祥，置于案台，为书案增添了几分生趣，既可做笔架，又可做镇纸，一举两得，非常实用。该笔架材料为铸铁，由于年代久远，产品表面磨损严重，又缺乏产品生产所需的三维数据，公司要求根据实物完成产品曲面的逆向造型设计，并进行合理的创新设计。

图 1-0-1 河豚笔架文镇

  在项目实施过程中，需要完成笔架表面三维数据采集、笔架曲面逆向造型、笔架创新设计等任务，要求学生掌握逆向工程技术的定义及应用领域、逆向工程技术的关键技术、逆向工程的工作流程、三维数据扫描技术、产品结构设计等知识和技能。本项目的主要学习情境见表 1-0-1。

表 1-0-1 个性笔架快速产品开发及创新设计学习情境

序号	学习情境	主要学习任务	学时分配
1	笔架快速开发方案设计	逆向工程技术简介	2
2	笔架曲面三维数据采集	三维扫描技术及常见三维扫描仪	4
3	笔架快速曲面重构	曲面逆向造型设计的目的及方法	2
4	笔架创新设计	产品创新设计思路及方法	4

学习情境 1-1　笔架快速开发方案设计

📝 学习情境描述

　　根据某文创用品公司委托，对图 1-0-1 所示的河豚笔架进行快速产品开发，由于年代久远，缺乏产品的三维模型数据，公司要求根据实物完成产品曲面的逆向造型设计，得到产品三维模型，并进行合理的功能创新设计。河豚的造型圆润可爱，对细节的工艺要求较高，采用常规的测量方法无法完成产品表面数据的测量。如何利用逆向工程（Reverse Engineering，RE）技术对该产品进行快速产品开发？

🔎 学习目标

一、知识目标

1. 了解逆向工程技术的概念和基本工作流程。
2. 理解逆向工程技术的关键技术。
3. 了解逆向工程技术的具体应用领域及应用方法。

二、能力目标

1. 能够理解逆向工程技术的概念和关键技术。
2. 能够根据逆向工程基本工作流程分析并制订河豚笔架快速开发方案的设计思路。
3. 能够理解逆向工程技术在产品开发领域的具体应用，并举例说明。

三、素养目标

1. 培养学生发现实际问题和研究应用问题的实践能力。
2. 培养学生认识到逆向工程技术是进行创新设计的重要技术手段。
3. 激发学生自主学习各种先进设计方法的积极性。

📋 任务书

　　在了解逆向工程技术的基础上，按照逆向工程技术的基本工作流程对河豚笔架产品快速开发方案进行设计，设计周期为 5 天。接受任务后，借阅或上网查询相关设计资料，获取产品快速开发的步骤、各种先进设计方法等有效信息，合理选择常用的逆向造型软件和三维数据采集设备，完成河豚笔架产品快速开发方案流程，如图 1-1-1 所示。

👥 任务分组

　　学生任务分配表见表 1-1-1。

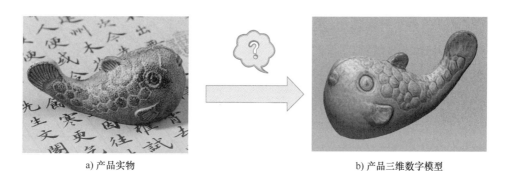

a) 产品实物   b) 产品三维数字模型

图 1-1-1　河豚笔架产品快速开发方案流程

表 1-1-1　学生任务分配表

班级		组号		指导教师	
组长		学号		组长电话	
组员	姓名	学号	具体任务分工		

任务实施

引导问题 1：本案例中的河豚笔架外观曲面造型复杂，设计周期只有 5 天，使用传统的新产品开发流程能否按时完成？如何进行该产品的快速设计开发？

_____

_____

_____

引导问题 2：什么是逆向工程技术？

_____

_____

_____

引导问题 3：逆向设计和传统正向设计的区别是什么（图 1-1-2）？

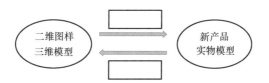

图 1-1-2　正向设计与逆向设计的区别

引导问题4：传统的新产品开发是怎么进行的（图1-1-3）？按逆向工程技术如何进行新产品快速开发（图1-1-4）？

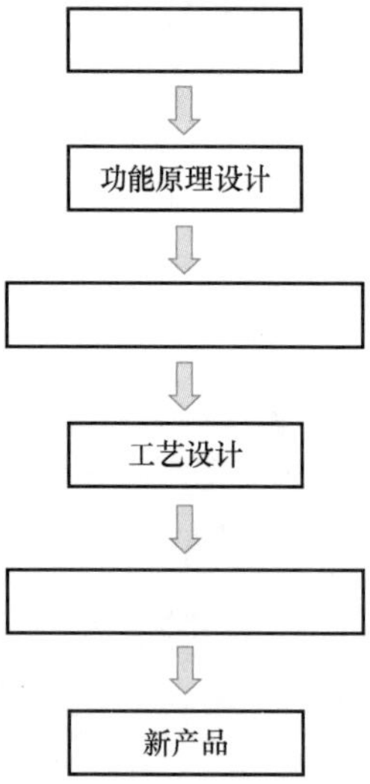

```
┌─────────────┐
│             │
└─────────────┘
      ↓
┌─────────────┐
│  功能原理设计  │
└─────────────┘
      ↓
┌─────────────┐
│             │
└─────────────┘
      ↓
┌─────────────┐
│   工艺设计    │
└─────────────┘
      ↓
┌─────────────┐
│             │
└─────────────┘
      ↓
┌─────────────┐
│   新产品     │
└─────────────┘
```

图 1-1-3   传统新产品开发流程

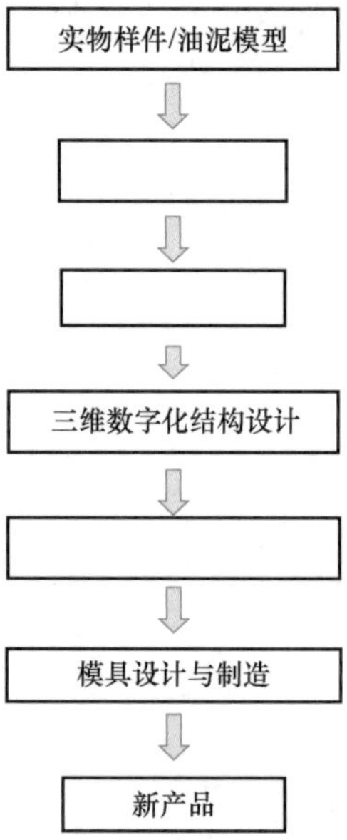

```
┌───────────────┐
│  实物样件/油泥模型  │
└───────────────┘
        ↓
┌───────────────┐
│               │
└───────────────┘
        ↓
┌───────────────┐
│               │
└───────────────┘
        ↓
┌───────────────┐
│  三维数字化结构设计  │
└───────────────┘
        ↓
┌───────────────┐
│               │
└───────────────┘
        ↓
┌───────────────┐
│   模具设计与制造   │
└───────────────┘
        ↓
┌───────────────┐
│    新产品      │
└───────────────┘
```

图 1-1-4   按逆向工程技术开发新产品流程

引导问题5：逆向工程就是"抄袭"吗？

_____
_____
_____
_____

引导问题6：你认为进行逆向设计的难点是什么？逆向工程的关键技术有哪些？

_____
_____
_____
_____

引导问题7：常用的逆向造型软件有哪些？各有什么优缺点？

_____
_____
_____
_____

引导问题8：逆向工程技术的应用领域有哪些？请举例说明。

_____
_____
_____
_____

引导问题 9：如何使用逆向工程技术对河豚笔架进行快速产品开发（图 1-1-5）？

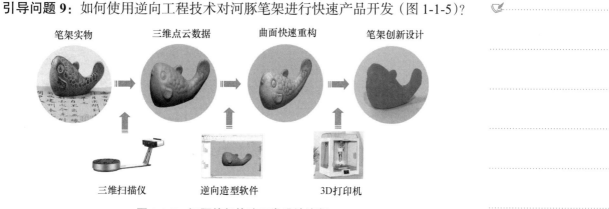

图 1-1-5　河豚笔架快速开发设计流程

评价反馈

　　首先，学生进行自评，评价自己能否完成本学习情境的学习目标，并按时完成实训报告等，检查任务有无遗漏，将结果填入表 1-1-2 中；其次，学生以小组为单位进行团队协作，对学习情境的实施过程与结果进行互评，将互评结果填入表 1-1-3 中；最后，教师对学生的工作过程与工作结果进行评价，评价内容包括工作过程相关学习目标是否达到，报告内容数据是否出自实训工作过程且真实合理，工作结果分析是否合理，是否养成良好的职业素养，项目成果报告是否表达准确、认识体会是否深刻等，并将评价结果填入表 1-1-4 中。

表 1-1-2　学生自评表

班级		姓名		学号		组别	
学习情境 1-1		笔架快速开发方案设计					
评价指标		评价标准			分值	得分	
了解逆向工程技术		了解逆向工程技术的定义，理解正向设计和逆向设计的区别			10		
掌握逆向工程技术的工作流程		掌握逆向工程技术的工作流程，并制订笔架快速产品开发设计方案			10		
理解逆向工程技术的关键技术		理解逆向工程技术的关键技术			10		
了解逆向造型软件		了解常见的逆向造型软件			10		
了解逆向扫描设备		了解常见的逆向扫描设备			10		
掌握逆向工程技术的应用领域		掌握逆向工程技术的具体应用领域及应用方法			10		
工作态度		态度端正，没有无故缺勤、迟到、早退现象			10		
工作质量		能按计划完成工作任务			10		
协调能力		能与小组成员、同学合作交流，协调工作			5		
职业素质		能做到安全生产、文明施工、爱护公共设施			10		
创新意识		通过学习逆向工程技术的应用，理解创新的重要性			5		
合计					100		
有益的经验和做法							
总结、反思和建议							

表 1-1-3 小组互评表

班级			组别		日期					
评价指标	评价标准				分值	评价对象（组别）得分				
						1	2	3	4	5	6
信息检索	该组能否有效利用网络资源、工作手册查找有效信息				5					
	该组能否用自己的语言有条理地解释、表述所学知识				5					
	该组能否将查到的信息有效地运用到工作中				5					
感知工作	该组是否熟悉各自的工作岗位，认同学习情境的工作价值				5					
	该组成员在工作中是否获得了满足感				5					
参与状态	该组与教师、同学之间是否相互尊重和理解				5					
	该组与教师、同学之间是否能够保持多向、丰富、适宜的信息交流				5					
	该组能否处理好合作学习和独立思考的关系，做到有效学习				5					
	该组能否提出有意义的问题或发表个人见解，能否按要求正确操作				5					
	该组成员是否能够倾听、协作、分享				5					
学习方法	该组制订的工作计划、操作技能是否符合规范要求				5					
	该组是否获得了进一步发展的能力				5					
工作过程	该组是否遵守管理规程，操作过程是否符合现场管理要求				5					
	该组平时上课的出勤情况和每天完成工作任务情况				5					
	该组是否善于多角度思考问题，能否主动发现、提出有价值的问题				15					
思维状态	该组是否能发现问题、提出问题、分析问题、解决问题、有创新思维				5					
自评反馈	该组是否能按时按质完成工作任务，并进行成果展示，是否较好地掌握了专业知识点				5					
	该组是否能严肃认真地对待自评，并能独立完成自评表格				5					
小组互评分数					100					

表 1-1-4 教师综合评价表

班级		姓名		学号		组别	
学习情境 1-1			笔架快速开发方案设计				
评价指标		评价标准				分值	得分
线上学习（20%）	视频学习	完成课前预习知识视频学习				10	
	作业提交	在线开放课程平台预习作业提交				10	
工作过程（30%）	逆向工程技术定义	了解逆向工程技术的定义、正向设计和逆向设计的区别				5	
	逆向工程工作流程	掌握逆向工程技术的工作流程，并制订笔架快速产品开发设计方案				5	
	逆向工程关键技术	理解逆向工程技术的关键技术				5	
	逆向造型软件	了解常见的逆向造型软件				5	
	逆向扫描设备	了解常见的逆向扫描设备				5	
	逆向工程应用领域	掌握逆向工程技术的具体应用领域及应用方法				5	

（续）

评价指标		评价标准	分值	得分
职业素养 （20%）	工作态度	学习态度端正，没有无故迟到、早退、旷课现象	4	
	协调能力	能与小组成员、同学合作交流，协调工作	4	
	职业素质	能做到安全生产、文明操作、爱护公共设施	4	
	创新意识	能主动发现、提出有价值的问题，完成创新设计	4	
	6S 管理	操作过程规范、合理，及时清理场地，恢复设备	4	
项目成果 （30%）	工作完整	能按时完成任务	10	
	任务方案	能按逆向工程技术流程完成产品开发方案设计	10	
	成果展示	能准确地表达、汇报工作成果	10	
合计			100	
综合评价	自评（20%）	小组互评（30%）	教师评价（50%）	综合得分

💡 拓展视野

逆向工程技术的起源

逆向工程起源于 20 世纪五六十年代的反向工程（Reverse Engineering），是指通过各种现代化的技术手段，对从公开渠道所取得的产品（包括硬件设备以及计算机软件）进行反向拆卸、测绘或者破译，进而获得该产品中所蕴含的相关技术信息。

逆向工程最早被应用于软件反向工程，也经常被用于军事领域，用来复制从战场上由常规部队或情报活动获得的技术、设备、信息或零件。在经济全球化和市场经济高速发展的今天，各行业之间以及各企业之间的竞争关系日益加剧，竞争空前激烈。通过反向工程手段对竞争对手的产品进行拆卸、测绘，获取其生产过程中的技术秘密似乎是提高企业竞争力的有效方式。相较于企业自主研发创新，反向工程有着高效率、低风险的特征，从而成为在资金、技术、人才等各方面处于竞争劣势的中小企业的首选。

逆向工程可能会被误认为对知识产权的严重侵害，但在实际应用中，反而可能会保护知识产权所有者。例如，在集成电路领域，如果怀疑某公司侵犯知识产权，可以用逆向工程技术来寻找证据。在许多国家，制品或制备方法都受相关法律保护，只要合理地取得制品或制备方法，就可以对其进行反向工程。申请专利需要将发明公开发表，因此专利不需要反向工程就可进行研究。

《最高人民法院关于审理不正当竞争民事案件应用法律若干问题的解释》第 12 条指出：反向工程"是指通过技术手段对从公开渠道取得的产品进行拆卸、测绘、分析等而获得该产品的有关技术信息。"**这是我国第一次以法律的形式明确了反向工程的效力，对我国科技产品的研发创新和商业秘密的立法保护具有里程碑意义。**

我国高铁从诞生之日起，关于其应用逆向工程技术的说法就不绝于耳。2022 年 4 月 12 日，复兴号 CR450 动车组在研制先期试验时，在郑州至重庆高速铁路巴东至万州段成功实现隧道内单列时速 403km，复兴号高铁（图 1-1-6）采用我国自主研发的涡流制动、碳陶制动盘、永磁牵引系统、主动控制受电弓等九项新技术，增强了动车组列车的安全性、可靠性、效能性、经济性，整体性能达到世界领先水平，填补了国内多项技术空白。**在高铁动车组 254 项重要标准中，"复兴号"的中国标准占了 84%，中国创新正在走向世界。**

图 1-1-6   复兴号高铁

📠 学习情境相关知识点

知识点 1：逆向工程技术简介

逆向工程的思想来源于从油泥模型到产品实物的设计过程。20 世纪 90 年代初，在现代计算机技术及测试技术飞速发展的同时，逆向工程也发展成为一种以国内外先进产品、设备的实物为研究对象，以现代设计理论、人机工程学、计量学、计算机图形学和相关专业知识为基础，利用先进制造技术进行产品改制及新产品开发的技术手段，最终实现对先进产品的认识、再现及创造性开发。

逆向工程技术作为消化吸收已有先进技术并进行创新开发的重要手段，通过综合利用反求技术和 CAD 技术，形状复杂产品的数字化建模质量和效率将大大提高，制造出原型产品的成本降低，从而有力支持新产品的创新设计和快速开发。

逆向设计与传统正向设计的过程是完全不同的。正向设计是从图样开始，经加工得到产品；而逆向设计是从零件或原型到二维图样或三维模型，再经过制造得到产品。正向设计是从无到有的全新设计过程，而逆向设计则是对已有产品进行变形设计的再创新过程，两者在设计流程上有很大的区别，但其目的是一样的，即设计并生产出符合要求的产品。两者的比较如图 1-1-7 所示。

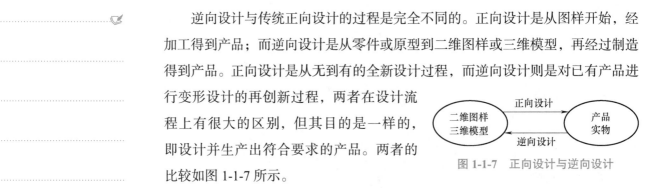

图 1-1-7   正向设计与逆向设计

知识点 2：逆向工程基本流程

逆向工程的基本流程如下：

1）对实物样件或油泥模型进行数据采集，得到样件表面的几何数据。

2）对这些数据进行去噪、三角化、全局优化、数据分块等预处理。

3）根据点云数据进行曲面重建。

4）根据产品工艺和功能要求，对光顺后的曲面进行工艺分块和产品结构设计。

5）完成产品 CAD 模型重建。

6）可以进行一系列后续仿真分析操作，如有限元分析、运动仿真分析以及数控加工指令生成等，如图 1-1-8 所示。

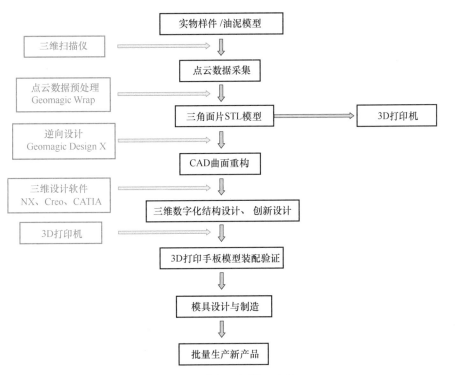

图 1-1-8　逆向工程基本流程

知识点 3：逆向工程技术的应用领域

1. 工业产品领域

适用于航空航天、汽车、装备制造、消费电子、日用品等领域的中小型零部件逆向设计，用于新产品开发、改型设计、配件修复、数字建档、质量控制等。

（1）新产品开发　在飞机、汽车、轮船、摩托车、家用电器等新产品开发中，首先制作产品比例模型，然后利用逆向工程技术得到产品表面的数字模型，并利用计算机辅助分析（CAE）、计算机辅助制造（CAM）等先进技术，进行产品创新设计，如图 1-1-9 所示。

　　　　a）比例模型　　　　　　　b）产品表面数字模型　　　　　　　c）成品

图 1-1-9　汽车新产品开发

1-1-1　汽轮机零件研发

1-1-2　矿山机械研发

（2）没有原始图样的产品改型　由于工艺、美观、使用效果、客户要求等方面的原因，原有产品的外形或性能已经不能满足客户要求，必须通过市场调查分析对该产品进行再制造工程设计。在缺乏原始设计参数和二维设计图样的情况下，可利用逆向工程技术将产品实物转化为三维数字模型，对模型进行再制造工程设计后重新进行加工，将显著提高生产

1-1-3 传统制造业转型

1-1-5 飞机玻璃维修

1-1-6 摄影器材配件修复

1-1-7 锻造模具修复

1-1-8 铸件质量检测

1-1-9 精密模具检测

1-1-10 复杂注射件检测

率，如图 1-1-10 和图 1-1-11 所示。

1-1-4 咖啡机优化设计

图 1-1-10　凸轮逆向设计　　图 1-1-11　咖啡机配件优化

（3）设备配件修复　某些大型设备，如航空发动机、汽轮机、家用电器等，经常因为某一零部件损坏而停止运行，通过运用逆向工程手段，可以快速生产替代零件，从而提高设备的利用率和延长其使用寿命，如图 1-1-12 和图 1-1-13 所示。

图 1-1-12　飞机配件修复　　　　图 1-1-13　摄影器材配件修复

（4）产品质量控制　用三维扫描仪对零件进行全方位扫描，得到三维点云，配合 Geomagic Control X 等质量检测软件，可对零件进行全尺寸质量检测，并自动生成质检报表。三维扫描仪尤其擅长传统手段无法完成的检测任务，如图 1-1-14 和图 1-1-15 所示。

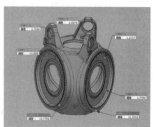

图 1-1-14　壳体质量检测

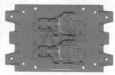
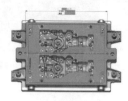

1-1-11 精密叶轮三维检测

图 1-1-15　模具质量检测

2. 医疗生物领域

在人体骨骼和关节的假体植入物、假肢制造等医学领域，由于部件表面形状的特殊性，必须利用逆向工程技术将实物转化为数字模型，如图 1-1-16～图 1-1-18 所示。

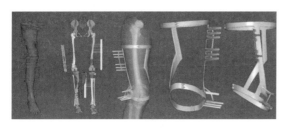

图 1-1-16　康复辅助器具精准医疗

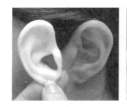

a)　　　　　　　　b)

图 1-1-17　小耳畸形整形

3. 文物保护领域

对于珍贵艺术品、考古文物、生物化石、古建筑等具有重大价值的物品，可以通过逆向工程技术将其数字化，以便进行文物修复和数字化永久保存，如图 1-1-19 和图 1-1-20 所示。

图 1-1-18　微创面部整形

图 1-1-19　古生物化石数字化

图 1-1-20　古建筑数据存档

1-1-12　脊柱侧弯矫形器设计

1-1-13　假肢设计

1-1-14　医疗美容

1-1-15　赋活清代壁画

4. 个性定制消费领域

随着人们生活水平的提高，对个性化产品的需求日益增长，可利用逆向工程技术实现消费产品的高端个性化定制，如汽车改装，运动鞋、服装、家具、个性礼品定制等，如图 1-1-21 和图 1-1-22 所示。

图 1-1-21　汽车改装

图 1-1-22　家具个性化设计

1-1-17　泉州雕刻产业创新

1-1-18　文物衍生品设计

1-1-19　复刻微缩人物

1-1-20　虚拟数字人制作

1-1-16　铜雕数字化创新

知识点 4：三维扫描技术的发展趋势

（1）便捷化　用户使用三维扫描仪更方便、快捷、准确。三维扫描仪的扫描速度更快、适应性更强、跟踪技术更先进、无线技术更稳定，如图 1-1-23 所示。

（2）自动化　机器人规划扫描路径，软件自动处理数据和检测报告，自动完成检测流程（图 1-1-24），且流程和精度更稳定，减轻了人工负担，减少了人为干扰。

1-1-21　服装智能化定制

图 1-1-23　可实时查看数据的便携式三维扫描仪　　　　图 1-1-24　机器人自动检测

1-1-22　元宇宙太空支援

（3）智能化　智能识别零件，自动规划扫描，软件智能完成检测，并且将结果反馈给制造管理系统做出合适的调整，如图 1-1-25 和图 1-1-26 所示。

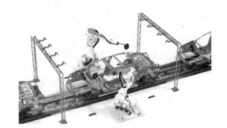

1-1-23　机器人自动检测

图 1-1-25　生产线智能检测　　　　　　图 1-1-26　车身在线检测

学习情境 1-2　笔架曲面三维数据采集

📝 学习情境描述

根据前期制订的河豚笔架产品快速开发方案，需要获取产品三维模型数据。河豚笔架的外观曲面造型圆润可爱，基本都是自由曲面，使用常规的测量方法无法完成产品表面自由曲面数据的测量。如何利用三维扫描技术快速测量获取河豚笔架产品的表面三维数据？

学习目标

一、知识目标

1. 理解常用的三维扫描技术及其原理。

2. 了解常见的三维扫描仪。

3. 熟练掌握三维扫描仪的标定及扫描的基本操作步骤。

二、能力目标

1. 能够根据河豚笔架产品开发的实际要求，选择合适的数据采集方法和三维扫描仪。

2. 能够熟练地对三维扫描仪进行标定操作。

3. 能够熟练操作三维扫描仪完成河豚笔架的曲面点云数据采集。

三、素养目标

1. 培养学生发现实际问题和研究应用问题的实践能力。

2. 培养学生的组织协调能力和团队合作能力。

3. 培养学生对计量器具的使用和维护能力，养成精益求精的工作态度。

任务书

在了解逆向工程技术的基础上，根据上一学习情境制订的笔架产品快速开发方案及实施流程图，完成河豚笔架产品的曲面三维数据采集，任务时间为 1h。接受任务后，借阅或上网查询相关设计资料，获取产品三维扫描技术的基本原理和常见技术等有效信息，合理选择常用的三维扫描技术和三维扫描仪，完成河豚笔架曲面三维数据采集，如图 1-2-1 所示。

a) 产品实物　　　　　　　　　　　　　　b) 产品曲面三维点云数据

图 1-2-1　河豚笔架曲面三维数据采集

任务分组

学生任务分配表见表 1-2-1。

表 1-2-1　学生任务分配表

班级		组号		指导教师	
组长		学号		组长电话	
组员	姓名	学号	具体任务分工		

（续）

组员	姓名	学号	具体任务分工

任务实施

引导问题 1：什么是三维扫描技术？

_____

_____

引导问题 2：常用的三维数据采集方法有哪些？本案例中的河豚笔架外观曲面造型复杂，三维数据采集时间只有 1h，你觉得应该选用哪一种三维扫描数据采集方法？

_____

_____

引导问题 3：能否采用接触式数据采集方法完成河豚笔架产品的曲面数据采集？本任务在 1h 内能完成吗？

_____

_____

引导问题 4：接触式和非接触式数据采集方法的区别和优缺点是什么（填入表 1-2-2 中）？

表 1-2-2 数据采集方法优缺点

数据采集方法	接触式	非接触式
测量精度		
测量速度		
测量误差		
测量死角		
工作环境要求		
工件材质要求		

引导问题 5：接触式数据采集方法最常用的设备是什么？

_____

_____

引导问题 6：机械行业最常用的游标卡尺测量方法属于接触式测量方法吗？

_____

_____

引导问题 7：非接触式数据采集方法中的 CT 测量能够检查疾病，是否能够完成人体病变部位的三维模型构建？

_____

_____

引导问题 8：常见的三维扫描仪有哪些？请根据不同扫描仪的特点连线选择最合适的应用场景，如图 1-2-2 所示。

```
1.手持式激光三维扫描仪        1.无人工厂、黑灯工厂
2.固定式蓝光三维扫描仪        2.高精密零件，精度和细节要求高的小尺寸样件
3.跟踪式三维扫描仪系统        3.携带方便，随时可以进行现场测量
4.自动化三维扫描仪系统        4.被扫描物体表面需要得到严格保护
5.手持式LED三维扫描仪        5.文创、雕塑，自带纹理色彩
```

图 1-2-2　常用扫描仪应用场景选择

引导问题 9：常见的光学三维扫描仪使用的白光、蓝光、红光有什么区别？主要应用在什么场合？

_____

_____

引导问题 10：除了日用品和工业产品，大型建筑可以使用三维扫描仪进行扫描吗？

_____

_____

引导问题 11：桌面 3D 扫描仪的基本操作步骤是什么？小组讨论，分工并明确每位成员的操作任务。

_____

_____

引导问题 12：为什么第一次使用三维扫描仪进行产品模型数据采集之前必须进行设备标定操作？

_____

_____

引导问题 13： 选择三维扫描仪时，图 1-2-3 中的哪些因素是影响你选择的主要因素？请说明原因。

图 1-2-3　选择三维扫描仪的主要影响因素

笔架三维数据采集任务实施思路见表 1-2-3。

表 1-2-3　笔架三维数据采集任务实施思路

实施步骤	主要内容	实施简图	操作视频
1	结合河豚笔架产品开发需求，选择合适的三维扫描仪		1-2-1　三维扫描仪选择
2	完成桌面式三维扫描仪硬件安装及调试		1-2-2　三维扫描仪硬件安装
3	完成三维扫描仪的标定操作		1-2-3　三维扫描仪标定

（续）

实施步骤	主要内容	实施简图	操作视频
4	使用标定完成的三维扫描仪对河豚笔架进行三维数据采集		1-2-4　河豚笔架三维数据采集
5	将扫描完成的河豚笔架点云数据导出，为后续的逆向曲面造型设计做准备		1-2-5　点云数据输出

👤💬 评价反馈

　　首先，学生进行自评，评价自己能否完成本学习情境的学习目标，并按时完成实训报告等，检查任务有无遗漏，将结果填入表 1-2-4 中；其次，学生以小组为单位进行团队协作，对学习情境的实施过程与结果进行互评，将互评结果填入表 1-2-5 中；最后，教师对学生的工作过程与工作结果进行评价，评价内容包括工作过程相关学习目标是否达到，报告内容数据是否出自实训工作过程且真实合理，工作结果分析是否合理，是否养成良好的职业素养，项目成果报告是否表达准确、认识体会是否深刻等，并将评价结果填入表 1-2-6 中。

表 1-2-4　学生自评表

班级		姓名		学号		组别	
学习情境 1-2			笔架曲面三维数据采集				
评价指标		评价标准			分值		得分
熟悉逆向工程技术的工作流程		能简述逆向工程技术的主要工作流程			10		
常用的三维扫描技术		理解常用的三维扫描技术及其原理			10		
常见的三维扫描仪		了解常见的三维扫描仪			10		
三维扫描仪选择		根据本任务的特点选择合适的三维扫描仪			10		
三维扫描仪基本操作		掌握三维扫描仪的标定及扫描基本操作步骤			10		
笔架三维数据采集		完成河豚笔架产品的曲面数据采集			10		
工作态度		态度端正，没有无故缺勤、迟到、早退现象			10		

（续）

评价指标	评价标准	分值	得分
工作质量	能按计划完成工作任务	10	
协调能力	能与小组成员、同学合作交流，协调工作	5	
职业素质	能做到安全生产、文明施工、爱护公共设施	10	
创新意识	通过学习逆向工程技术的应用，理解创新的重要性	5	
合计		100	
有益的经验和做法			
总结、反思和建议			

表 1-2-5　小组互评表

班级		组别			日期					
评价指标	评价标准		分值	评价对象（组别）得分					
				1	2	3	4	5	6
信息检索	该组能否有效利用网络资源、工作手册查找有效信息		5						
	该组能否用自己的语言有条理地解释、表述所学知识		5						
	该组能否将查到的信息有效地运用到工作中		5						
感知工作	该组是否熟悉各自的工作岗位，认同学习情境的工作价值		5						
	该组成员在工作中是否获得了满足感		5						
参与状态	该组与教师、同学之间是否相互尊重和理解		5						
	该组与教师、同学之间是否能够保持多向、丰富、适宜的信息交流		5						
	该组能否处理好合作学习和独立思考的关系，做到有效学习		5						
	该组能否提出有意义的问题或发表个人见解，能否按要求正确操作		5						
	该组成员是否能够倾听、协作、分享		5						
学习方法	该组制订的工作计划、操作技能是否符合规范要求		5						
	该组是否获得了进一步发展的能力		5						
工作过程	该组是否遵守管理规程，操作过程是否符合现场管理要求		5						
	该组平时上课的出勤情况和每天完成工作任务情况		5						
	该组是否善于多角度思考问题，能否主动发现、提出有价值的问题		15						
思维状态	该组是否能发现问题、提出问题、分析问题、解决问题、有创新思维		5						
自评反馈	该组是否能按时按质完成工作任务，并进行成果展示，是否较好地掌握了专业知识点		5						
	该组是否能严肃认真地对待自评，并能独立完成自评表格		5						
小组互评分数			100						

表 1-2-6　教师综合评价表

班级			姓名		学号		组别	
学习情境 1-2			笔架曲面三维数据采集					
评价指标		评价标准					分值	得分
线上学习 （20%）	视频学习	完成课前预习知识视频学习					10	
	作业提交	在线开放课程平台预习作业提交					10	
工作过程 （30%）	逆向工程工作流程	能简述逆向工程技术的主要工作流程					5	
	常用的三维扫描技术	理解常用的三维扫描技术及其原理					5	
	常见的三维扫描仪	了解常见的三维扫描仪					5	
	三维扫描仪的选择	根据本任务的特点选择合适的三维扫描仪					5	
	三维扫描仪的操作	掌握三维扫描仪的标定及扫描基本操作步骤					5	
	笔架三维数据采集	完成河豚笔架产品的曲面数据采集					5	
职业素养 （20%）	工作态度	学习态度端正，没有无故迟到、早退、旷课现象					4	
	协调能力	能与小组成员、同学合作交流，协调工作					4	
	职业素质	能做到安全生产、文明操作、爱护公共设施					4	
	创新意识	能主动发现、提出有价值的问题，完成创新设计					4	
	6S 管理	操作过程规范、合理，及时清理场地，恢复设备					4	
项目成果 （30%）	工作完整	能按时完成任务					10	
	任务方案	能按时完成河豚笔架的曲面数据采集					10	
	成果展示	能准确地表达、汇报工作成果					10	
合计							100	
综合评价	自评（20%）		小组互评（30%）		教师评价（50%）		综合得分	

💡 拓展视野

珠穆朗玛峰的"身高"测量

2020 年 5 月 27 日 11：00，2020 珠峰高程测量登山队成功登顶珠穆朗玛峰。**2020 年 12 月 8 日，中国和尼泊尔两国领导人共同宣布珠穆朗玛峰最新高程——8848.86m，地球之巅从此有了新的注解。**

测量珠峰"身高"，是人类了解和认识地球的重要标志。

珠峰"身高"是怎么测出来的？

珠峰高程测量分为"三部曲"，即**水准面的确定、峰顶觇标的测量和珠峰最终海拔高的确定。**

首先是水准面的确定。例如，测量一个人的身高时，需要确定其脚底和头顶的位置，测量珠峰的高程也是如此。而确定珠峰"脚底"的位置，是中尼合作中遇到的最大难题。因为中国和尼泊尔都有自己国家法定的高程基准，**中国以黄海平均海平面作为高程基准，尼泊尔则以印度洋平均海平面作为**

高程基准。中尼联合技术委员会经过多轮技术会谈，共同咨询多位国际知名大地测量学家，最终商定：基于全球高程基准的定义和参数，联合地面重力、航空重力及其他数据建立珠峰高程起算面。由于地球表面高低起伏不平，假定海水继续向陆地延伸，对地球进行一个完整的包裹，此时的水平面就是一个大地水准面，**精确地将这个零海拔高"基准面"延伸到珠峰下面。而珠峰的高度其实就是峰顶到大地水准面的高度**。一般俗称的"珠峰高程"，就是通过雪深雷达观测获得珠峰峰顶冰雪层厚度，并将其从珠峰峰顶雪面海拔高中扣除，获得的珠峰峰顶岩石面海拔高，如图 1-2-4 所示。

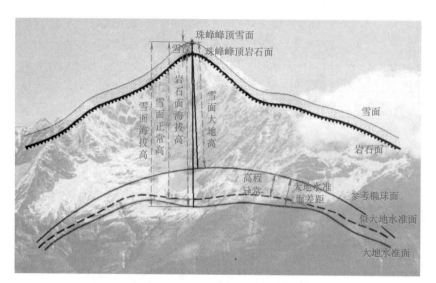

图 1-2-4　珠峰高程测量原理

珠峰测量用了哪些新技术？

据悉，此次测量将综合运用全球导航卫星系统（GNSS）测量、精密水准测量、光电测距、雪深雷达测量、重力测量、天文测量、卫星遥感、似大地水准面精化等多种传统和现代测绘技术，以精确测定珠峰高程。

这次珠峰高程测量，在我国测绘史上创造了多个"首次"：我国自主研制的北斗卫星导航系统首次应用于珠峰峰顶大地高的计算，人类首次实现了实测珠峰峰顶重力值，全世界首次在珠峰地区建立全球高程基准，在世界最高峰彰显了中国品质和中国精度。

珠峰测量成果和数据有什么意义？

珠峰高程测量除了得到关键的峰顶测量数据，还在珠峰地区观测了大量的用于海拔高程"基准传递"的测量数据，这些数据可广泛应用于青藏地区地球板块运动、地震对珠峰高程的影响等领域的研究。

除了获取重要地理信息，最重要的一点是，珠峰高程的变化能典型地反映出全球气候变暖的趋势。例如，精确的峰顶雪深、航空重力数据，以及气象、风速和冰川监测等数据成果，将为珠峰及其周边地区的自然资源监测、冰川变化和生态环境保护等提供第一手资料。

学习情境相关知识点

知识点 1：常见测量工具

常见测量工具包括游标卡尺（图 1-2-5）、千分尺、游标深度卡尺、游标万能角度尺（图 1-2-6）、止通规、塞尺、二次元测量仪、三次元测量仪、硬度计等。

每次测量前，需要根据被测零件的特性选择测量工具，例如，测量长度、宽度、高度、深度、外径等可选用游标卡尺、游标高度卡尺、千分尺、游标深度卡尺；测量轴类直径可选用千分尺、卡尺；测量孔、槽类尺寸可选用量块、塞尺；测量零件的角度可选用游标万能角度尺；测量半径值可选用半径量规；测量配合公差小、精度要求高或要求计算几何公差时，可选用三次元、二次元测量仪；测量钢材硬度可选用硬度计。

图 1-2-5　游标卡尺

图 1-2-6　游标万能角度尺

知识点 2：三维扫描仪

三维扫描仪（3D scanner）是一种科学仪器，用来测量并分析现实世界中物体或环境的形状（几何构造）与外观数据（如颜色、表面折射率等性质）。收集到的数据常被用来进行三维重建计算，在虚拟世界中创建实际物体的数字模型。这些模型具有相当广泛的用途，在工业设计、瑕疵检测、逆向工程、机器人导引、地貌测量、医学康复器具、生物信息采集、刑事鉴定、数字文物典藏、电影制片、游戏创作素材等领域都可见其应用。常见的三维扫描仪如图 1-2-7 所示。

图 1-2-7　常见的三维扫描仪

知识点 3：三维数据采集技术

三维数据采集技术（或三维扫描技术）是指集合光、机、电和计算机技术于一体的高新技术，主要用于对物体空间外形和结构及色彩进行扫描，以获得物体表面的空间坐标，从而得到物体的三维数字模型。

在制造业中，三维扫描仪因其测量速度快、精度高、非接触、使用方便等优点而得到越来越多的应用。用三维扫描仪对手板、样品、模型进行扫描，可以得到其立体尺寸数据，将这些数据能直接导入 CAD/CAM 软件，在 CAD 系统中可以对数据进行处理，再传输到加工中心或快速成形设备上制造，可以缩短产品开发制造周期。

知识点 4：三维数据采集技术分类

产品形状表面数据采集是逆向工程的第一步工作，逆向工程技术的实施必须以数字化测量设备的输出数据为基础，只有在得到需要进行逆向设计的实体表面三维信息后，才能实现模型检测、复杂曲面重建、评价和制造等后续工作。而逆向工程测量得到的数据质量直接影响到对被测实体描述的精度和完整程度，进而影响重构的 CAD 曲面、三维实体模型的质量，并最终影响整个工程的进度和质量。因此，数据采集是整个逆向工程技术实施的基础，也是逆向工程中的关键技术之一。

根据测量探头是否接触零件表面，常用的数据采集方法可分为接触式采集方法和非接触式采集方法两大类，如图 1-2-8 所示。

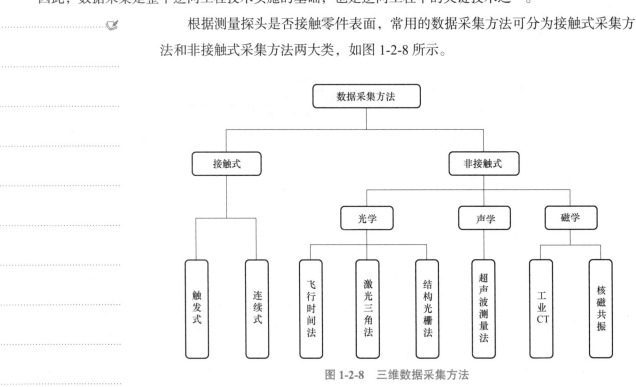

图 1-2-8　三维数据采集方法

知识点 5：常见的三维扫描仪及其应用领域（表 1-2-7）

表 1-2-7　常见的三维扫描仪及其应用领域

测量设备		扫描方式	扫描范围	精度	应用领域
	三坐标机	接触式	由测量臂行程而定	一般在 1μm 级，超高精度可达 0.4μm	一般应用于检测行业，以及逆向工程领域

（续）

测量设备		扫描方式	扫描范围	精度	应用领域
	关节臂	接触式	由测量臂行程而定	可达 μm 级	应用于机械加工零件测量、检测等领域
	工业 / 应用 CT	非接触式	根据成形腔尺寸而定	一般在 0.1mm 以内	一般应用于工业探伤领域及内部结构检查
	大场景激光扫描仪	非接触式	百米以内	最高可达 0.5mm	广泛应用于建筑大场景测绘领域
	三维扫描仪 + 无人机倾斜摄影技术	非接触式	几百米范围内	一般在分米级别	主要应用于室外场景，城市、建筑工地等大场景领域建模
	相机阵列扫描仪	非接触式	相机整列组成的视场范围	一般不标精度	一般应用于游戏、影视、动画行业
	激光点扫描仪	非接触式	由测量臂行程而定	可达 μm 级	应用于机械加工零件测量、检测等领域
	手持激光扫描仪	非接触式	几米内	0.05mm/m 左右	一般应用于工业中的逆向工程等领域
	蓝光扫描仪	非接触式	1.5m 以内，结合摄影测量可达几十 m	0.02mm/m 左右	广泛应用于工业领域，如航空航天、文物数字化、检测、逆向工程、直接数字化制造

（续）

测量设备		扫描方式	扫描范围	精度	应用领域
	手持红外扫描仪	非接触式	2m 以内	一般在 mm 级别	一般应用于教育、设计可视化领域
	手持白光扫描仪	非接触式	4m 以内	0.3mm/m 左右	主要应用于文创、雕塑、医疗、游戏领域

知识点 6：三维扫描仪中的各种扫描光源（表 1-2-8）

表 1-2-8　三维扫描仪中的各种扫描光源

激光光源	激光是 20 世纪以来继核能、计算机、半导体之后，人类的又一重大发明，被称为"最快的刀""最准的尺""最亮的光"。与普通光源相比，激光的单色性好、亮度高、方向性好。因而激光拥有很强的抗干扰能力，在工业领域应用广泛
白光光源	作为最容易获取的光源，白光的通用性最强，但是受外界环境的影响比较大，从而在精度、精细度、抗干扰能力上有一定的局限性
蓝光光源	拥有较短的波长，且在自然环境中存在的同类光源较少，配合专用的过滤镜片，可以提升光源的稳定性和抗干扰能力。作为白光光源的升级版，蓝光光源在工业领域应用广泛
红外光源	拥有较长的波长，且是一种不可见光源，对人体的影响最小，可实现无感扫描，甚至可以实现毛发等绒毛结构的扫描。但由于受到红外热辐射的影响，在精度和精细度方面欠佳

知识点 7：桌面三维扫描仪的基本操作步骤

1. 设备安装及开启、关闭

按照设备说明书进行桌面三维扫描仪的硬件安装，按住设备开关 1s 左右，开启设备，开关灯点亮；双击设备开关，每次停留 1s 左右，关闭设备，开关灯熄灭。

2. 设备标定

首次安装软件后，选择设备类型，会自动进入标定界面。若无标定数据，单击"退出标定"按钮，软件会提示"没有标定数据，请先进行标定"。

（1）相机标定　进行相机标定时，标定板需要摆放在三个不同位置，摆放位置根据软件向导操作。

首先根据软件向导提示，调整好投影仪与标定板之间的距离，将扫描仪十字对准标定板且保证十字清晰。第一组平放标定板，摆放的方位如图 1-2-9 所示，将标定板放置在转台中心位置。确保标定板放置平稳且正对测头后单击"采集"按钮，转台自动旋转一周采集数据，采集过程中请勿移动标定板。

采集完毕后转台停止不动，软件界面显示进行第二组标定。按照软件提示，将标定板从标定板支架上取下，将标定板沿逆时针方向旋转 90º，嵌入标定板支架槽中，将标定板支架向右移动。第二组标定完成后进入第三组标定，将标定板从标定板支架上取下，将标定板沿逆时针方向旋转 90º，嵌入标定板支架槽中，将标定板支架向左移动，采集完成，进行标定计算。

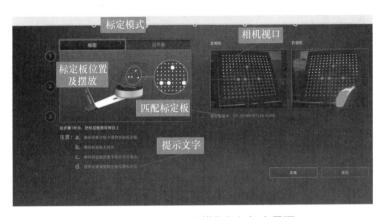

图 1-2-9 桌面三维扫描仪相机标定界面

软件会提示标定成功，若标定失败，则单击"重新标定"按钮，并按照上述步骤重新进行标定。操作成功后，单击"下一步"进入白平衡标定。

（2）白平衡标定 为了确保获取准确的纹理数据，每次环境亮度改变时，建议进行白平衡标定。

进行白平衡标定时，在放标定板的位置上铺一张白纸，确保标定板放置平稳且正对测头后单击"采集"按钮，直到软件提示标定成功，即完成白平衡校验，如图 1-2-10 所示。为了获取良好的纹理效果，需要保证白纸干净。若对纹理效果不满意，可改变环境亮度或重新进行白平衡标定。

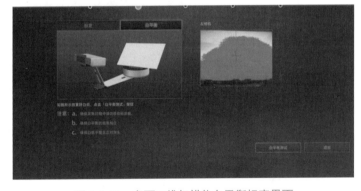

图 1-2-10 桌面三维扫描仪白平衡标定界面

3. 扫描

标定完成后，按照以下步骤先完成扫描前准备：新建方案、选择纹理、是否使用转台、转台参数设置、调整扫描距离和亮度，然后将工件放在转台上，即可开始扫描。桌面三维扫描仪软件的基本操作步骤如图 1-2-11 所示，扫描过程如图 1-2-12 所示。

4. 扫描数据输出

扫描完成后，删除不需要的杂点并进行封装，最后输出为 STL 格式的三角面片数据，可以直接用于 3D 打印，也可以为后续的逆向设计准备好点云数据。

知识点 8：三维扫描仪的标定

标定的主要目的是精确地计算摄像机与投影仪的内、外部参数。内部参数是指和镜头相关的焦距等信息，外部参数是指摄像机和投影仪之间的相关信息。通俗地讲，就是对设备进行校准，以保证在精准的基础上进行数据的扫描及拼接。标定时应注意：环境光不可过亮。以下场合**一般需要进行标定：**

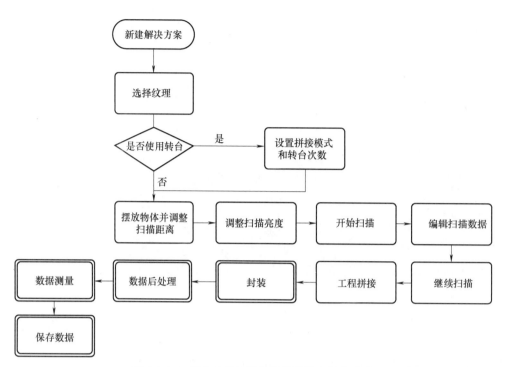

图 1-2-11   桌面三维扫描仪软件的基本操作步骤

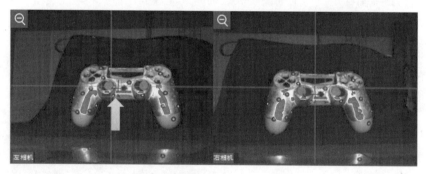

图 1-2-12   桌面三维扫描仪扫描过程

1）第一次安装、使用三维扫描仪时。

2）长途运输三维扫描仪设备，路面颠簸的情况下。

3）第一次安装纹理相机（或其他模块）或其他模块松动，位置发生变化。

4）距离上次标定时间较长。

5）扫描外部环境发生较大改变，包括光线、温度、湿度等。

6）在排除其他可能的情况下，扫描数据较差，或无法扫描。

知识点 9：桌面三维扫描仪的扫描模式选择

使用桌面三维扫描仪开始扫描时，首先需要选择扫描模式。根据被扫描物体的特征，可以选择转台拼接、标志点拼接、编码点拼接、特征拼接四种模式进行扫描。

1. 转台拼接

当需要扫描的物体太大，无法用转台编码点进行扫描且未粘贴标志点时，可选择转台拼接模式。其工作原理是通过转台辅助数据拼接。

> **注意：** 扫描过程中需要保证转台与扫描仪的相对位置与标定一致；球形、方形等规则形状不适合此模式。

2. 标志点拼接

通过标志点进行数据拼接，利用两次拍摄之间的公共标志点信息来实现对两次拍摄数据的拼接。使用标志点前，要对待测物体进行分析，在需要的、合适的位置贴上标志点，通过多次扫描及拼接得到需要的数据。

3. 编码点拼接

编码点拼接类似于标志点拼接，在该模式下，将转台编码点作为空间位置参考，把物体放在转台上，转台旋转一圈，各个角度的扫描数据通过公共编码点辅助数据拼接，如图 1-2-13 所示。

编码点拼接的使用要求（图 1-2-14）如下：

1）扫描物体的尺寸不能过大，以避免遮挡过多的编码点；可以扫描尺寸较小的物体。

2）扫描仪角度不能过小，一般不小于 45°（只能用三脚架方式）。

3）扫描仪到转台中心的距离约为 370mm。

4）一般情况下，左上角相机窗口能覆盖整个转台。

5）扫描仪应具有较好的标定结果，否则无法正常扫描，需要重新标定。

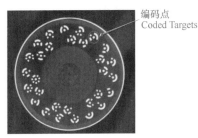

图 1-2-13 编码点拼接

a) 扫描仪与转台中心的角度和距离   b) 软件左上角相机窗口显示

图 1-2-14 编码点拼接的使用要求

4. 特征拼接

特征拼接是指利用物体本身的形状作为拼接要素，扫描数据，通过扫描数据本身辅助数据拼接。

特征拼接的使用要求如下：

1）扫描物体尺寸可以较大，但一般不超过转台大小。

2）物体形状应略复杂，球形、方形等规则形状不适合此模式；尺寸较小的物体也不适合此模式。

3）注意扫描仪到物体的距离。一般来说，当相机窗口投出的十字在红色矩形框内时，实际被扫描物体能处于投射出的十字最清晰处，如图 1-2-15 所示。

图 1-2-15 扫描仪到物体的距离

> **注意**：若物体需要多次扫描，无论使用了几种扫描模式，在没有识别到足够多的标志点的情况下，软件将使用特征拼接将两次扫描数据进行拼接。

4）根据所扫描物体的特征，在选择转台模式后，可选择合适的拼接模式和转台次数。转台次数为8，即在360°的旋转中均分8次进行扫描，如图1-2-16所示。

5）拖动进度条，调整扫描亮度，当预览窗口中可以看清楚物体，且物体上有少量红色显示，则为合适的亮度，如图1-2-17所示。

6）单击软件右侧的"开始"按钮即可开始扫描。注意：转台转动过程中不要移动扫描仪或被扫描物体。

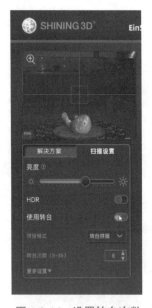

图1-2-16　设置转台次数

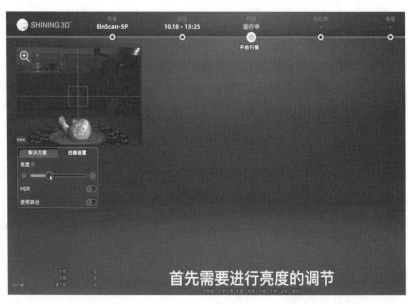

图1-2-17　调整扫描亮度

单次扫描后，如果对扫描数据不满意，或者有夹具、支承等数据，即可选取并删除不需要的部分。如果数据不够完整，则可在确认此次数据后，调整扫描对象的角度，进行二次扫描，补充数据。扫描时可根据实际情况选择是否需要转台模式。

> **注意**：若需要多次扫描，数据根据特征自动拼接时，两次扫描数据中至少要有1/3的公共部分。若两次数据出现错位，则需要手动拼接。手动拼接按钮位于屏幕右侧，根据提示按住<Shift>键，依次选择三对公共点，软件会根据这三对点进行拼接，如图1-2-18所示。

7）将处理完的数据进行封装、简化、保存后即可使用。如需逆向设计，建议使用非封闭模式封装。在小特征比较多的情况下，不建议选择简化。

知识点10：扫描仪的选择

三维扫描仪作为将实物转化为三维数字模型的重要工具，可以兼容CAD/CAM等设计软件、3D打印与数字化制造等功能。三维扫描仪被广泛应用于许多行业，如医疗健康、质量检测、逆向工程、教育科研、文物保护等。合适的三维扫描仪对提高工作效率至关重要。

无论是激光扫描仪还是 LED 扫描仪，都有各自适合的领域及优缺点。选择扫描仪时，需要综合考量扫描幅面、扫描速度、扫描件的色彩和材质、需要达到的精度或效果等，如图 1-2-19 所示。

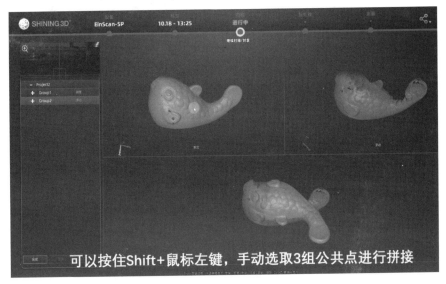

图 1-2-18　手动拼接

图 1-2-19　三维扫描仪选型的主要参数

三维扫描仪选型的参考步骤如图 1-2-20 所示。根据产品尺寸和精度要求选择三维扫描仪的方法如图 1-2-21 和表 1-2-9 所示。

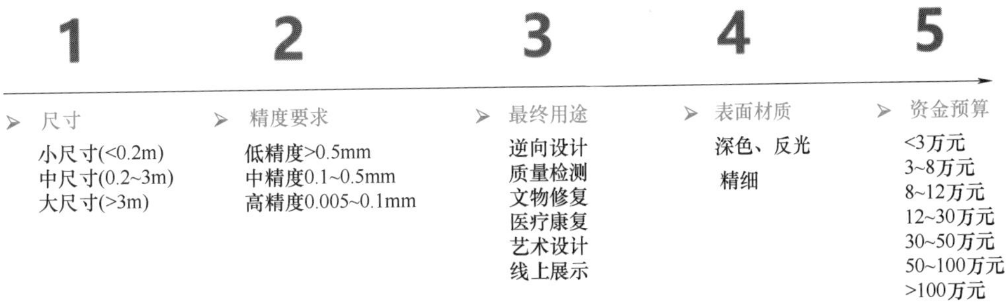

图 1-2-20　三维扫描仪选型的参考步骤

图 1-2-21 根据产品尺寸和精度要求选择三维扫描仪

表 1-2-9 根据精度要求选择三维扫描仪

精度要求 /mm	物体尺寸 /m	应用行业	建议设备类型
高精度 （0.005~0.1）	大尺寸（>3）	航空航天（如飞机发动机等）、装备制造业（如大型精密模具等）	跟踪式 / 激光手持扫描仪
	中尺寸（0.2~3）	汽车（如汽车零配件等）、装备制造业（如中型模具等）	激光手持 / 蓝光拍照扫描仪
	小尺寸（<0.2）	3C 电子（如手机配件等）、医疗行业（如医疗骨板等植入物）	蓝光拍照扫描仪
中精度 （0.1~0.5）	大尺寸（>3）	航空航天（如飞机机身等）、轨道交通装备行业（如轨道交通工具、工程车辆等）	跟踪式 / 激光手持扫描仪
	中尺寸（0.2~3）	文化创意产业（如雕塑、玩具等）、装备制造业（如压铸件、钣金件、注射件等）、医疗行业（如康复辅助器具定制等）	激光手持、白光手持扫描仪
	小尺寸（<0.2）	文物（如古钱币等）	蓝光拍照、白光拍照扫描仪
低精度 （>0.5）	大尺寸（>3）	汽车与交通行业（如汽车美容与改装等）	激光手持、白光手持扫描仪
	中尺寸（0.2~3）	文化创意产业（如雕塑、艺术品等）、家居生活（如家装、家具等）、影视动画（如人体等）	白光手持扫描仪
	小尺寸（<0.2）	文化创意产业（小型游戏手办模型等）、日常生活（如日用品等）	白光拍照扫描仪

1-2-6 笔架点云数据

学习情境 1-3　笔架快速曲面重构

📝 学习情境描述

完成河豚笔架产品的曲面三维数据采集后，逆向工程中最重要的环节是构造复杂的曲面。如果使用常规的逆向曲面造型设计方法，该环节需要花费大量的时间，特别是对于一些不要求产品装配配合，只需要产品的简单外形三维数据，如卡通玩具、工艺品等，如何更快、更好地构造出产品三维曲面显得非常重要。本例中河豚笔架的外观曲面基本都是自由曲面，如何利用逆向工程技术对河豚笔架进行快速曲面重构？

🎯 学习目标

一、知识目标

1. 熟练掌握逆向设计快速曲面重构方法。
2. 熟练掌握逆向造型软件 Geomagic Design X 曲面造型设计的基本流程。
3. 熟练掌握逆向造型软件 Geomagic Design X 的基本操作及常用命令。

二、能力目标

1. 能够分析并制订使用逆向造型软件进行河豚笔架曲面造型设计的思路。
2. 能够使用 Geomagic Design X 软件完成河豚笔架的快速曲面重构。
3. 能够使用 Geomagic Design X 软件对逆向设计的曲面进行误差分析。

三、素养目标

1. 培养学生养成认真严谨的工作态度。
2. 培养学生独立分析和解决实际问题的实践能力。
3. 培养学生较强的产品质量、产品精度控制意识。

📋 任务书

曲面重构是逆向工程的关键环节，是后续产品结构设计、加工制造、快速成形、工程分析和产品再设计的基础。根据前期学习情境完成的河豚笔架产品的曲面三维点云数据，完成河豚笔架产品的快速曲面重构，任务时间为 2h。接受任务后，借阅或上网查询相关设计资料，合理地选择常用的逆向造型设计软件和命令，完成河豚笔架快速曲面重构，如图 1-3-1 所示。

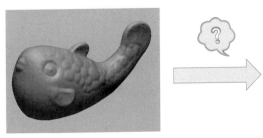

a) 产品曲面三维点云数据　　　　　　　　b) 产品快速曲面重构结果

图 1-3-1　笔架快速曲面重构

任务分组

学生任务分配表见表 1-3-1。

表 1-3-1　学生任务分配表

班级			组号		指导教师	
组长			学号		组长电话	
组员	姓名	学号	具体任务分工			

任务实施

引导问题 1：逆向曲面造型设计的一般原则是什么？

_____

_____

_____

引导问题 2：逆向曲面造型设计的基本设计流程是什么？

_____

_____

_____

引导问题 3：本案例中的河豚笔架外观曲面造型复杂，三维曲面造型设计时间只有 2h，你觉得本任务在 2h 内能完成吗？

_____

_____

_____

引导问题 4：什么是逆向设计快速曲面重构方法？什么产品可以使用此方法？在什么情况下可以使用此方法？

_____

_____

_____

引导问题 5：将逆向造型软件 Geomagic Design X 软件的基本操作及其快捷键填入表 1-3-2。

表 1-3-2　Geomagic Design X 软件基本操作及其快捷键

序号	命令名称	快捷键
1		
2		
3		
4		
5		
6		
7		
8		
9		
10		

引导问题 6：曲面构建的基本要求是什么？

_____

_____

_____

引导问题 7：曲面的边界连续性有几种？使用时应如何选择？

_____

_____

引导问题 8：什么是 A 级曲面？曲面造型时所有的面都必须达到 A 级曲面的效果吗？

_____

_____

_____

笔架快速曲面重构任务实施思路见表 1-3-3。

表 1-3-3　笔架快速曲面重构任务实施思路

实施步骤	主要内容	实施简图	操作视频
1	导入扫描得到的 ASC 格式点云数据，并进行数据预处理，最后将点云三角化构建面片		1-3-1　笔架三角面片构建

（续）

实施步骤	主要内容	实施简图	操作视频
2	根据河豚笔架表面特征，在河豚笔架扫描数据上分割特征领域，利用特征信息将它与设计坐标系对齐，从而建立产品坐标系		1-3-2 笔架坐标系构建
3	使用 Geomagic Design X 软件的自动曲面工具快速创建河豚笔架曲面数据		1-3-3 笔架快速曲面重构
4	检查建模结果质量		1-3-4 笔架曲面质量检查
5	将建模完成的河豚笔架实体数据导出，为后续的产品创新设计做准备		1-3-5 笔架数据输出

评价反馈

　　首先，学生进行自评，评价自己能否完成本学习情境的学习目标，并按时完成实训报告等，检查任务有无遗漏，将结果填入表 1-3-4 中；其次，学生以小组为单位进行团队协作，对学习情境的实施过程与结果进行互评，将互评结果填入表 1-3-5 中；最后，教师对学生的工作过程与工作结果进行评价，评价内容包括工作过程相关学习目标是否达到，报告内容数据是否出自实训工作过程且真实合理，工作结果分析是否合理，是否养成良好的职业素养，项目成果报告是否表达准确、认识体会是否深刻等，并将评价结果填入表 1-3-6 中。

表 1-3-4　学生自评表

班级		姓名		学号		组别	
学习情境 1-3			笔架快速曲面重构				
评价指标		评价标准				分值	得分
逆向工程技术的工作流程		熟悉逆向工程技术的工作流程				10	
逆向曲面设计原则		理解逆向曲面造型设计的一般原则				10	
逆向曲面设计基本流程		熟悉逆向曲面造型设计的基本流程				10	
快速曲面重构方法		理解逆向设计快速曲面重构方法				10	
逆向造型软件基本操作		掌握逆向造型软件的基本操作及其常用命令				10	
笔架快速曲面重构		完成河豚笔架的快速曲面重构				10	
工作态度		态度端正，没有无故缺勤、迟到、早退现象				10	
工作质量		能按计划完成工作任务				10	
协调能力		能与小组成员、同学合作交流，协调工作				5	
职业素质		能做到安全生产、文明施工、爱护公共设施				10	
创新意识		通过学习逆向工程技术的应用，理解创新的重要性				5	
合计						100	
有益的经验和做法							
总结、反思和建议							

表 1-3-5　小组互评表

班级		组别		日期					
评价指标	评价标准		分值	评价对象（组别）得分					
				1	2	3	4	5	6
信息检索	该组能否有效利用网络资源、工作手册查找有效信息		5						
	该组能否用自己的语言有条理地解释、表述所学知识		5						
	该组能否将查到的信息有效地运用到工作中		5						
感知工作	该组是否熟悉各自的工作岗位，认同学习情境的工作价值		5						
	该组成员在工作中是否获得了满足感		5						
参与状态	该组与教师、同学之间是否相互尊重和理解		5						
	该组与教师、同学之间是否能够保持多向、丰富、适宜的信息交流		5						
	该组能否处理好合作学习和独立思考的关系，做到有效学习		5						
	该组能否提出有意义的问题或发表个人见解，能否按要求正确操作		5						
	该组成员是否能够倾听、协作、分享		5						

（续）

评价指标	评价标准	分值	评价对象（组别）得分					
			1	2	3	4	5	6
学习方法	该组制订的工作计划、操作技能是否符合规范要求	5						
	该组是否获得了进一步发展的能力	5						
工作过程	该组是否遵守管理规程，操作过程是否符合现场管理要求	5						
	该组平时上课的出勤情况和每天完成工作任务情况	5						
	该组是否善于多角度思考问题，能否主动发现、提出有价值的问题	15						
思维状态	该组是否能发现问题、提出问题、分析问题、解决问题、有创新思维	5						
自评反馈	该组是否能按时按质完成工作任务，并进行成果展示，是否较好地掌握了专业知识点	5						
	该组是否能严肃认真地对待自评，并能独立完成自评表格	5						
小组互评分数		100						

表 1-3-6　教师综合评价表

班级		姓名		学号		组别	
学习情境 1-3		笔架快速曲面重构					
评价指标		评价标准			分值	得分	
线上学习（20%）	视频学习	完成课前预习知识视频学习			10		
	作业提交	在线开放课程平台预习作业提交			10		
工作过程（30%）	逆向工程工作流程	熟悉逆向工程技术的工作流程			5		
	逆向曲面设计原则	理解逆向曲面造型设计的一般原则			5		
	曲面设计基本流程	熟悉逆向曲面造型设计的基本流程			5		
	快速曲面重构方法	理解逆向设计快速曲面重构方法			5		
	逆向软件基本操作	掌握逆向造型软件的基本操作及其常用命令			5		
	笔架快速曲面重构	完成河豚笔架的快速曲面重构			5		
职业素养（20%）	工作态度	学习态度端正，没有无故迟到、早退、旷课现象			4		
	协调能力	能与小组成员、同学合作交流，协调工作			4		
	职业素质	能做到安全生产、文明操作、爱护公共设施			4		
	创新意识	能主动发现、提出有价值的问题，完成创新设计			4		
	6S 管理	操作过程规范、合理，及时清理场地，恢复设备			4		
项目成果（30%）	工作完整	能按时完成任务			10		
	任务方案	能按时完成河豚笔架的快速曲面重构			10		
	成果展示	能准确地表达、汇报工作成果			10		
合计					100		
综合评价		自评（20%）	小组互评（30%）	教师评价（50%）		综合得分	

🔆 拓展视野

把博物馆文物"装进"元宇宙

元宇宙（Metaverse）是利用科技手段进行链接与创造的，与现实世界映射与交互的虚拟世界，具备新型社会体系的数字生活空间。它基于扩展现实技术提供沉浸式体验，基于数字孪生技术生成现实世界的镜像，基于区块链技术搭建经济体系，将虚拟世界与现实世界在经济系统、社交系统、身份系统上密切融合，并且允许每个用户进行内容生产和编辑。

乘着元宇宙的东风，2022 年大热的"数字藏品"成为博物馆和年轻人的"新宠"。

据不完全统计，至少有 24 家博物馆发行了文创数字藏品，如图 1-3-2 和图 1-3-3 所示，陕西、甘肃、四川、河南、安徽等省博物院均已推出多款由镇馆之宝衍生出的数字藏品，吸引更多年轻人了解传统文化。

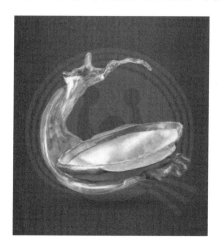

图 1-3-2　四川博物院数字藏品
（金扣蚌壳羽觞）

图 1-3-3　青海省博物馆数字藏品
（说唱俑）

数字文创是当下市场认可度较高的一种博物馆文创产品，让馆藏文物突破藏品时间、空间、展示形式的局限，拉近了传统文化和社会公众之间的距离。

从"文创雪糕"到"考古盲盒"，再到"数字藏品"，博物馆积极主动拥抱互联网。如今，基于区块链技术的数字藏品正成为中国数字文创新形态之一，文博数字化加速进入内容时代。

数字藏品的火爆离不开元宇宙的大热，而在这背后，是传统文化正在借助数字技术"破圈"。当下，随着年轻人逐渐成为传播传统文化的主力军，受年轻人追捧的数字藏品，既能让消费者在收藏中近距离地接触传统文化，又能创造出新的商业化增量，进一步激发了文创产品创新活力。

📋 学习情境相关知识点

知识点 1：曲面重构技术

曲面重建是逆向工程的关键环节，是后续产品结构设计、加工制造、快速成形、工程分析和产品再设计的基础。只有具备产品的 CAD 模型后，才可以利用现有的 CAD/CAM/CAE 技术对产品进行再设计和各种工程分析，进而生成产品。因此，如何快速、精确地进行有利于下游修改设计的曲面重构成为逆向工程中关键的一环。

对于存在复杂曲面的实体模型来说，实体模型是在自由曲面模型经过一定的计算演变得到的，只有建立产品的自由曲面模型，才能建立实体模型。逆向工程的目标就是建立能够被 CAD 系统接受的曲面模型，并便于后续数据处理，因此曲面重构算法一直是逆向工程领域国内外学者研究的重点。目前，基于测量数据的曲面重构按重建后曲面的不同表示形式，可分为两大类：一类是建立由众多小三角面片组成的分片线性的三角网格曲面模型，另一类是建立分片连续的参数曲面模型。前者是由点云数据重构出三角网格模型，由于三角网格曲面模型表示简单灵活、边界适应性好，在真实感图形的显示、快速原型、医学图像成形等方面具有明显优势。但三角网格模型存在存储量大、光顺性较差、不易修改等缺点。另外，由于三角域的曲面与通用的 CAD 系统中的曲面表示形式不兼容，因而其应用受到了限制。后者考虑到 CAD 系统中的曲面表示形式是非均匀有理 B 样条曲面（NURBS 曲面），为了产生与普通 CAD 系统兼容的数字模型，以使重建后的模型能像普通 CAD 模型一样进行交互修改、数控编程等，同时也是为了满足连续性、光顺性的要求，采用样条曲面对几何模型进行重构。

知识点 2：曲面边界连接的连续性

关于曲面相接，根据边界连接常用的有 G0、G1、G2、G3 四种情况。

1. 点连续 G0

曲线（曲面）上存在尖点（折断点），其两边的斜率和曲率都有跳跃，这种曲线（曲面）只是共同相接于同一边界，这种连续仅仅保证曲面间没有缝隙而只是完全接触。

2. 切线连续 G1

曲线（曲面）上存在切点，其两边的斜率是相同的，但曲率有跳跃。这种曲线（曲面）光滑，也就是一阶导数相同；这种曲面相切于同一边界，斜率是连续的（曲率不一定连续），通常的倒圆角就是这种情况。在一般的产品设计中，G1 就能满足大部分产品开发的需要。

3. 曲率连续 G2

曲线（曲面）上各个点的曲率都是连续变化的，在共同相接的边界曲率相同，也就是二阶导数相同；曲率连续意味着在任何曲面上的任一点沿着边界有相同的曲率半径。外观质量要求高的产品需要曲率做到 G2 连续，其实曲面做到这一点难度是很大的。

4. 曲率相切连续 G3

曲率相切连续是指曲线（曲面）点点连续，并且其曲率曲线或曲率曲面分析结果为相切连续，曲面两边的对象光顺连续，三阶微分连续等。

不同的 Gn 表示两个几何对象间的实际连续程度，图 1-3-4 所示为两直线桥接的连续性分析。

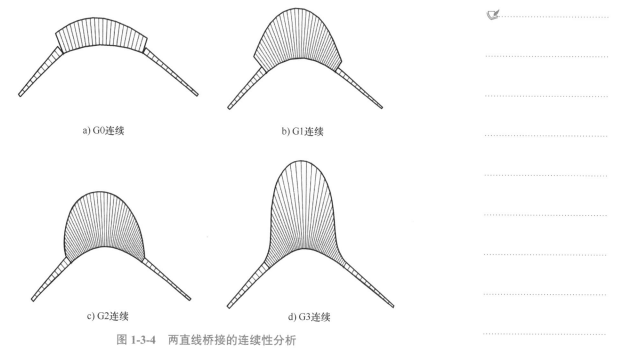

a) G0连续　　　　　　　　　　b) G1连续

c) G2连续　　　　　　　　　　d) G3连续

图 1-3-4　两直线桥接的连续性分析

知识点 3：A 级曲面的构建

曲面重构的最优结果是 A 级曲面，A 级曲面首先被用于汽车行业，近年来在消费类产品中应用逐渐增加，如小家电、手机、洗衣机、卫生设备等。A 级曲面更多的是美学的要求。在整个汽车开发的流程中，有一工程段被称为 A 级曲面工程（Class A Engineering），重点是确定曲面的质量符合 A 级曲面的要求。

所谓 A 级曲面，是指必须满足相邻曲面的间隙在 0.005mm 以下（有些汽车生产厂家甚至要求达到 0.001mm），切率改变（Tangency Change）在 0.16° 以下，曲率改变（Curvature Change）在 0.005° 以下，只有符合上述标准，才能确保钣金件的环境反射满足要求。如图 1-3-5 所示，在三维软件中完成的 A 级曲面生产产品后，还需要在专业实验室中检验其质量。

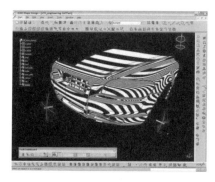

图 1-3-5　A 级曲面效果

汽车行业曾经有这样一种分类方法：A 面代表车身外表面，白车身；B 面代表不重要表面，如内饰表面；C 面代表不可见表面。这种分类方式是 A 级曲面的基础。但是，现在随着人们对美学和舒适性的要求日益提高，对汽车内饰也提出了 A 级要求，因而分类随之简化：A 面为可见（甚至是可触摸）表面，B 面为不可见表面。

A 级曲面包括多方面测评标准，其中 G2 连续是一个基本要求，因为达到 G2 以上才有光顺的反射效果。但是，即使达到 G3 连续，也未必是 A 级曲面，也就是说有时虽然连续，但是面之间存在褶皱，那么就不是 A 级曲面。

知识点 4：逆向设计软件 Geomagic Design X 基本操作

1. 鼠标常用操作

> **旋转：**右键不松开；
>
> **平移：**<Ctrl+ 右键 > 不松开；
>
> **缩放：**中间滚轮；
>
> **复制：**Ctrl →单击要复制的对象→移动到需要的位置→松开右键。
>
> **注意：**平面复制时，需要切换到直线模式，如图 1-3-6 所示。

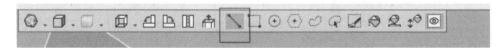

图 1-3-6　Geomagic Design X 直线模式选择

在模型视图中，鼠标的光标有两种模式：一种是选择模式，另一种是视图模式。单击鼠标中间的按键可以在两种模式之间切换。只有在鼠标光标是选择模式时才可以选择特征，鼠标常用操作见表 1-3-7。

表 1-3-7　Geomagic Design X 软件鼠标常用操作

模式	功能
选择模式	旋转：右击鼠标 放大：Shift+ 右击鼠标（或者滚动滚轮） 平移：Ctrl+ 右击鼠标（或者同时按住鼠标左右键）
视图模式	旋转：左击鼠标（或右击鼠标） 放大：Shift+ 左击或右击鼠标（或者滚动滚轮） 平移：Ctrl+ 左击或右击鼠标（或者同时按住鼠标左右键）
选择方式	**操作方法**
拖拽选择	单击并拖动的方法可以选择单个特征或多个特征
单击选择	在单个特征上单击，可仅选择此特征
从特征树、模型树中选择	可以从特征树或模型树中直接选择单个或多个特征
选择大量特征	使用 Shift 键可选择大量特征，撤销选择用 Ctrl 键

2. 画刷常用操作

> **多选：**按住 Shift 键后操作；
>
> **删除：**按住 Ctrl 键后操作；
>
> **画笔大小：**按住 Alt 键不松开 + 左键移动。

3. 常用快捷键（表 1-3-8）

表 1-3-8　Geomagic Design X 软件常用快捷键

按钮	功能	快捷键	按钮	功能	快捷键
面片	显示或隐藏面片	Ctrl+1	前视图	调整视图方向为前视图	Alt+1
领域	显示或隐藏领域	Ctrl+2	后视图	调整视图方向为后视图	Alt+1
点云	显示或隐藏点云	Ctrl+3	左视图	调整视图方向为左视图	Alt+1
曲面	显示或隐藏曲面	Ctrl+4	右视图	调整视图方向为右视图	Alt+1
实体	显示或隐藏实体	Ctrl+5	俯视图	调整视图方向为俯视图	Alt+1
草图	显示或隐藏草图	Ctrl+6	仰视图	调整视图方向为仰视图	Alt+1
3D 草图	显示或隐藏 3D 草图	Ctrl+7	等轴侧视图	调整视图方向为等轴侧视图	Alt+1
参照点	显示或隐藏点	Ctrl+8	法向	调整视图方向为法向	Ctrl+Shift+1
参照轴	显示或隐藏轴	Ctrl+9	线框	面片显示为线框模式	F6
参照平面	显示或隐藏平面	Ctrl+0	领域	面片显示为领域模式	F9

知识点 5：快速曲面重构方法

目前，逆向工程技术在产品设计开发中发挥着越来越重要的作用，而逆向工程中最重要的环节仍是构建复杂的曲面，该环节需要花费大量的时间，特别是对于一些不需要进行产品模具设计与制造，只需要通过产品的简单外形三维数据生成二维检验图样，或进行产品各部件虚拟装配、检查零件之间的干涉等情况，更快、更好地构建出三维曲面显得非常重要。

实施快速曲面重构的建模策略：点云多边形化后，先用四边形对多边形模型进行进一步划分，而后对经过四边形化处理的模型使用 NURBS 曲面片进行拟合，得到 NURBS 曲面模型。

Geomagic Design X 软件中曲面片的划分是做好曲面的关键，它以曲面分析为基础。曲面片不能分得太小，否则得到的曲面太碎；曲面片也不能分得过大，否则不能很好地捕捉点云的形状，得到的曲面质量也较差。划分曲面片的基本原则如下：

1）使每块曲面片的曲率变化尽量均匀，这样拟合曲面时就能更好地捕捉到点云的外形，减小拟合误差。

2）使每块曲面片尽量为四边域曲面。在 Geomagic Design X 软件中，曲面片的划分有两层含义：一个是全局意义，即曲面块（Panels）的划分；另一个是局部意义，即每一个曲面块内部各个曲面片（Patch）的划分和排列。要得到高质量的曲面，必须做好以上两点。

系统自动生成的曲面分块有的地方不太理想，或者面片边界不符合特征的走向趋势，需要手动对局部曲面片进行编辑，以达到理想的效果。

应用快速曲面重构造型，可以在较短时间内得到符合要求的较高质量曲面，而且人为参与因素比其他传统曲面造型方式少得多，大大降低了曲面重构难度，最终得到的曲面是行业可接受的 CAD 模型。该方法的关键是完整、光顺三角面网格的获取和曲面片的划分，在这两个前提下，即可自动得到全部的 NURBS 曲面。

知识点 6：Geomagic Design X 软件中的自动曲面命令

如果面片有复杂的自由形状，通过使用 Geomagic Design X 软件的自动曲面工具，能够快速设计曲面片网格，并利用三维扫描数据创建自由曲面体，具体步骤如下。

1）在"精确曲面"选项卡中单击"自动曲面创建"，或者选择"菜单"→"插入"→"曲面"→"自动曲面创建"，也可以使用"菜单"→ Add-Ins →"传统自动曲面创建"。

"自动曲面创建"工具提供以下方法：

① **机械**。自动识别特征形状，并且可以跟随特征形状创建自由体。

② **有机**。用均匀分布的曲线网格创建自由体。

2）单击"机械"按钮，选择已经完成优化的三角面片作为目标面片。

3）调整选项，如图 1-3-7 所示。

4）单击"下一阶段"按钮 ，查看预览结果，将会在面片上自动创建曲线网格，如图 1-3-8 所示。

图 1-3-7　Geomagic Design X 自动曲面创建命令　　图 1-3-8　自动创建曲线网格

5）使用变形工具修改曲线网格。在"自动曲面创建"命令的第二阶段，可以使用编辑工具手动编辑曲线网格。

6）单击"变形"按钮，单击并拖动曲线（或曲线的交点）可以修改一条曲线（或多条曲线），在按住 <Alt> 键的同时单击并拖动鼠标光标可以更改变形范围，如图 1-3-9 所示。

7）重复上述步骤，编辑其他曲线。使用变形编辑工具构建曲线网格，如图 1-3-10 所示。

8）检查预览结果，然后单击"OK"按钮 ✔。自动曲面命令会使用已构建的曲线网格来拟合面片，然后自动生成自由体，创建的自由体将会被作为后续设计的基础自由体，如图 1-3-11 所示。

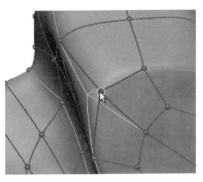

图 1-3-9　手动编辑曲线网格

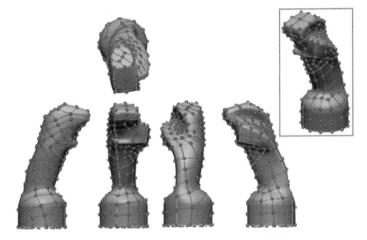

图 1-3-10　使用变形编辑工具构建曲线网格

9）检查结果。在"精度分析（TM）"中单击"体偏差"，检查创建的基础自由体与面片之间的偏差，还可以检查建模实体的品质和精度，如图 1-3-12 所示。

图 1-3-11　自动拟合面片生成实体

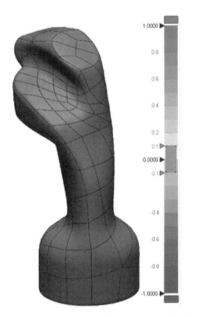

图 1-3-12　建模实体精度检查

学习情境 1-4　笔架创新设计

📝 学习情境描述

前期已经完成了河豚笔架产品的曲面三维数据采集和快速曲面重构，公司要求对该产品进行创新设计。笔是人们日常生活中不可或缺的产品，部分消费者甚至把笔当作艺术品，作为家居装饰的一部分。目前市场上的笔架通常比较简单，由于市场竞争日益激烈，消费者需求日益多样化和个性化，能否在保证河豚笔架艺术性、可观赏性的基础上进行创新设计？

📠 学习目标

一、知识目标

1. 熟悉逆向工程的基本工作流程。

2. 了解产品开发创新设计的一般流程。

3. 了解创新设计的一般方法、创新过程和评价方法。

二、能力目标

1. 能够掌握产品创新设计的思维方法。

2. 能够独立地根据设计方法进行设计创作。

3. 能够对河豚笔架进行创新设计。

三、素养目标

1. 培养学生分解目标任务与实施思路规划的能力。

2. 培养学生的团队协作和解决实际问题的能力。

3. 培养学生的创新思维和创新意识。

📋 任务书

在了解逆向工程技术的基础上，根据前文制订的笔架产品快速开发方案及实施流程图，已经完成了河豚笔架产品的曲面三维数据采集和快速曲面重构，要求在保证河豚笔架艺术性、可观赏性的基础上进行创新设计，增加充满乐趣的、有趣的设计元素，任务时间为 4h。接受任务后，借阅或上网查询相关设计资料，获取产品创新设计灵感，合理选择常用的三维软件，完成河豚笔架产品的创新设计，如图 1-4-1 所示。

👥 任务分组

学生任务分配表见表 1-4-1。

a) 原始产品实物

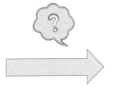

b) 创新设计的产品

图 1-4-1　笔架创新设计

表 1-4-1　学生任务分配表

班级		组号		指导教师	
组长		学号		组长电话	
组员	姓名	学号	具体任务分工		

任务实施

引导问题 1：按新产品创新程序分类，本任务的笔架产品开发属于哪一种？

_____

_____

引导问题 2：产品开发创新设计的一般步骤是什么？

_____

_____

_____

_____

引导问题 3：根据产品开发创新设计的一般步骤，你认为本任务的主要用户是哪些人？

_____

_____

_____

引导问题 4：根据产品开发创新设计的一般步骤，通过调研分析，归纳总结本任务的产品需求分析，完成产品需求分析调查表（见表 1-4-2）。

表 1-4-2   产品需求分析调查表

分类	具体需求内容
安全需求	
使用需求	
心理需求	
其他需求	

引导问题 5： 新产品创新设计思维激励方法有哪些？

_____

_____

引导问题 6： 全组开展一次头脑风暴，互相激励和启发，使创造性思想火花产生撞击，并记录下碰撞产生的新设想。

_____

_____

引导问题 7： 使用新产品创新设计思维的缺点列举法，列举头脑风暴产生的各种新设想的缺点，并提出克服缺点的方法。

_____

_____

_____

笔架创新设计任务实施思路见表 1-4-3。

表 1-4-3 笔架创新设计任务实施思路

实施步骤	主要内容	实施简图	操作视频
1	全组成员讨论，展开头脑风暴，最终确定创新方案		1-4-1 笔架创新设计
2	将快速曲面重构得到的实体模型导入三维设计软件中，根据讨论确定的创新设计方案进行详细结构设计		
3	笔架创新设计方案渲染及效果展示		1-4-2 笔架创新设计效果展示
4	笔架创新设计结果 3D 打印切片		1-4-3 3D 打印切片
5	笔架创新设计结果 3D 打印展示		1-4-4 3D 打印展示

评价反馈

首先，学生进行自评，评价自己能否完成本学习情境的学习目标，并按时完成实训报告等，检查任务有无遗漏，将结果填入表 1-4-4 中；然后，学生以小组为单位进行团队协作，对学习情境的实施过程与结果进行互评，将互评结果填入表 1-4-5 中；最后，教师对学生的工作过程与工作结果进行评价，评价内容包括工作过程相关学习目标是否达到，报告内容数据是否出自实训工作过程且真实合理，工作结果分析是否合理，是否养成良好的职业素养，项目成果报告是否表达准确、认识体会是否深刻等，并将评价结果填入表 1-4-6 中。

表 1-4-4　学生自评表

班级		姓名		学号		组别	
学习情境 1-4		笔架创新设计					
评价指标	评价标准				分值		得分
熟悉逆向工程技术工作流程	熟悉逆向工程技术的工作流程				10		
产品开发一般流程	了解产品开发创新设计的一般流程				10		
产品设计思维方法	掌握产品设计思维方法				10		
产品需求分析	完成产品需求分析调查表				10		
产品设计创作	能够独立地根据设计方法进行设计创作				10		
笔架创新设计	完成笔架创新设计及创新点展示				10		
工作态度	态度端正，没有无故缺勤、迟到、早退现象				10		
工作质量	能按计划完成工作任务				10		
协调能力	能与小组成员、同学合作交流，协调工作				5		
职业素质	能做到安全生产、文明施工、爱护公共设施				10		
创新意识	通过学习逆向工程技术的应用，理解创新的重要性				5		
合计					100		
有益的经验和做法							
总结、反思和建议							

表 1-4-5　小组互评表

班级		组别		日期					
评价指标	评价标准		分值	评价对象（组别）得分					
				1	2	3	4	5	6
信息检索	该组能否有效利用网络资源、工作手册查找有效信息		5						
	该组能否用自己的语言有条理地解释、表述所学知识		5						
	该组能否将查到的信息有效运用到工作中		5						

（续）

评价指标	评价标准	分值	评价对象（组别）得分					
			1	2	3	4	5	6
感知工作	该组是否熟悉各自的工作岗位，认同学习情境的工作价值	5						
	该组成员在工作中是否获得了满足感	5						
参与状态	该组与教师、同学之间是否相互尊重和理解	5						
	该组与教师、同学之间是否能够保持多向、丰富、适宜的信息交流	5						
	该组能否处理好合作学习和独立思考的关系，做到有效学习	5						
	该组能否提出有意义的问题或发表个人见解，能否按要求正确操作	5						
	该组成员是否能够倾听、协作、分享	5						
学习方法	该组制订的工作计划、操作技能是否符合规范要求	5						
	该组是否获得了进一步发展的能力	5						
工作过程	该组是否遵守管理规程，操作过程是否符合现场管理要求	5						
	该组平时上课的出勤情况和每天完成工作任务情况	5						
	该组是否善于多角度思考问题，能否主动发现、提出有价值的问题	15						
思维状态	该组是否能发现问题、提出问题、分析问题、解决问题、有创新思维	5						
自评反馈	该组是否能按时按质完成工作任务，并进行成果展示，是否较好地掌握了专业知识点	5						
	该组是否能严肃认真地对待自评，并能独立完成自评表格	5						
小组互评分数		100						

表 1-4-6　教师综合评价表

班级		姓名		学号		组别	
学习情境 1-4			笔架创新设计				
评价指标		评价标准			分值		得分
线上学习（20%）	视频学习	完成课前预习知识视频学习			10		
	作业提交	在线开放课程平台预习作业提交			10		
工作过程（30%）	逆向工程工作流程	熟悉逆向工程技术的工作流程			5		
	产品开发一般流程	了解产品开发创新设计的一般流程			5		
	产品设计思维方法	掌握产品设计的思维方法			5		
	产品需求分析	完成产品需求分析调查表			5		
	产品设计创作	能够独立地根据设计方法进行设计创作			5		
	笔架创新设计	完成笔架创新设计及创新点展示			5		
职业素养（20%）	工作态度	学习态度端正，没有无故迟到、早退、旷课现象			4		
	协调能力	能与小组成员、同学合作交流，协调工作			4		
	职业素质	能做到安全生产、文明操作、爱护公共设施			4		
	创新意识	能主动发现、提出有价值的问题，完成创新设计			4		
	6S 管理	操作过程规范、合理，及时清理场地，恢复设备			4		

（续）

评价指标		评价标准	分值	得分
项目成果（30%）	工作完整	能按时完成任务	10	
	任务方案	能按时完成笔架创新设计及创新点展示	10	
	成果展示	能准确地表达、汇报工作成果	10	
合计			100	

综合评价	自评（20%）	小组互评（30%）	教师评价（50%）	综合得分

拓展视野

杭州亚运会大型马术铜塑雕像制作

　　某雕塑厂接到浙江桐庐客户的订单需求：桐庐作为杭州亚运会马术项目的举办地，希望围绕该主题，制作一大型马术铜塑雕像。客户期望的工期比正常制作周期少 20 多天，如何按期高质量交付成品？为了解决该难题，雕塑厂将 3D 数字化技术引入雕塑制作中，最终如期顺利交付。

1. 传统大型铜塑雕像制作流程

1）依据设计图样，制作小尺寸泥稿。

2）制作等比例放大的泥稿。

3）将泥稿翻制成硬材料模具。

4）将石蜡注入模具中制成蜡型。

5）依照蜡型制作外壳，并用高温熔化壳里的石蜡。

6）将高温熔化的铜水注入壳中。

7）焊接分体铸造的部件，并上色。

2. 引入 3D 数字化技术后的制作流程

1）首先，依据设计图样制作小尺寸泥稿，请客户确认，避免出现雕塑造型上的分歧。

2）使用多功能手持三维扫描仪扫描小尺寸泥稿，得到高精度三维模型数据（图 1-4-2），并在软件中等比例放大模型数据。

图 1-4-2　采集雕塑三维模型数据

3）将等比例放大的高精度三维模型数据发送给厂家，厂家将数据导入会自动泡沫雕刻机，机械雕刻分块泡沫模型，不需要人工制作等比例放大的泥稿，大大节约了制作时间和人工成本。亚运会马术铜塑雕像点云数据如图 1-4-3 所示。

图 1-4-3　亚运会马术铜塑雕像点云数据

4）根据机械雕刻的泡沫模型，翻制蜡模，制壳铸铜，焊接分体铸造的部件，并上色，如图 1-4-4 所示。

与传统雕塑制作流程相比，运用 3D 数字化技术的雕塑制作方案主要有以下三方面的优势：

1）因为使用了三维扫描技术，直接在软件中等比例放大三维模型数据，缩放更准确，减少了工序流程，更加高效，大大节约了泥稿制作时间和人工成本。

2）使用 3D 数字化技术获得高精度三维模型数据，可直接传输外发加工，提升了便捷性。

图 1-4-4　亚运会马术铜塑雕像实物效果

3）将高精度三维模型数据导入雕刻机设备，机械加工翻模，用数字化的制造流程代替了人工操作，减少了对人工的技能依赖。

学习情境相关知识点

知识点 1：新产品开发概述

新产品开发是指从研究选择适应市场需要的产品开始，到产品设计、工艺制造设计，直到投入正常生产的一系列决策过程。从广义而言，新产品开发既包括新产品的研制，也包括原有老产品的改进与换代。新产品开发是企业研究与开发的重点内容，也是企业生存和发展的战略核心之一。新产品开发的实质是推出具有不同内涵与外延的新产品，还包括改进现有产品而非创造全新产品。

1. 按新产品创新程序分类

（1）全新产品　全新产品是指利用全新的技术和原理生产出来的产品。

（2）改进新产品　改进新产品是指在原有产品的技术和原理的基础上，采用相应的改进技术，使外观、性能有一定进步的新产品。

（3）换代新产品　换代新产品是指采用新技术、新结构、新方法或新材料，在原有技术基础上有较大突破的新产品。

2. 按新产品的开发方式分类

（1）技术引进新产品　技术引进新产品是直接引进市场上已有的成熟技术制造的产品，这样可以避开自身开发能力较弱的问题。

（2）独立开发新产品　独立开发新产品是指从用户需要的产品功能出发，探索能够满足功能需求的原理和结构，结合新技术、新材料的研究，独立开发制造的产品。

（3）混合开发新产品　混合开发新产品是指在新产品的开发过程中，既有直接引进的部分，又有独立开发的部分，将两者有机结合在一起制造出来的新产品。

知识点2：产品开发设计的一般流程

产品设计的一般步骤主要包括项目的前期沟通、市场调研、产品策划、概念设计、外观设计、结构设计、软硬件设计（电子电路设计、软件设计）、模具设计与制造、试产跟踪以及市场反馈。

1. 项目的前期沟通

一个项目在立项前，必须做充分的资料收集以及客户沟通工作，沟通的主要内容包括产品定位、设计方向、用户需求、设计内容、设计风格等。前期工作做得越细致、越充分，后面项目顺利运行的可能性就越大，成功率也越高。

2. 市场调研

市场调研环节是很重要的，其内容涉及行业分析、竞品分析、消费人群分析、产品痛点分析、案例分析、技术可行性分析等。通过认真、细致地对市场进行多方面的综合分析，找出产品方向、消费人群、机会点等，取长补短，适应市场需求，才能设计出有创意且受市场欢迎的成功产品。

3. 产品策划

充分的市场调研给产品策划提供了数据导向的决策依据。产品策划主要针对经过市场调研确立的市场需求，提出一个产品或一条产品线的整体开发思路。产品策划的类型可以分为全新产品开发、旧产品改良设计、旧产品新用途扩展。

4. 概念设计与外观设计

概念设计与外观设计息息相关，创意是它们的标签。在这一阶段，设计师或设计公司会将之前的资料信息、产品要求等进行分析提炼，通过头脑风暴找出创新性的解决方案，形成创意概念并逐渐优化，然后进行外观设计。外观设计要处理的是产品的形状、材质、颜色、其他表面特性和功能等方面的复杂关系，将手绘与计算机辅助设计相结合，最终得到外观样品。

5. 结构设计

结构设计是产品实现非常重要的一个环节，它是针对产品的内部结构、机械连接部分进行的设计。结构设计的好坏直接影响产品的实现质量和制造成本。

6. 软硬件设计

软硬件设计包括电子电路设计和软件设计，是产品功能实现的重要方面，其中软件界面会影响人机交互体验，电子电路设计与结构设计存在关联，相互影响。

7. 模具设计与制造和试产跟踪

产品结构设计好之后，在模具设计与制造之前往往要制造结构手板（模型）进行验证，验证完毕才能进行模具设计与制造。

试模与试产跟踪紧密联系，试产跟踪的目的是尽快将试模确定的结构件和其他零件装配起来形成产品，以更快、更全面地检验产品生产工艺是否完善，发现问题及时解决，使产品项目尽快落地。

8. 市场反馈

在产品试用和销售使用中，要善于收集和重视后续的市场反馈意见，通过反馈意见来改善产品的品质和性能，并为产品的迭代提供设计依据。

知识点 3：设计思维激励方法

1. 头脑风暴法

头脑风暴法是当今最常用的一种集体式创造性解决问题的方法。这是一种发挥集体创造精神的有效方法，与会者可以无任何约束地发表个人的想法，甚至可以异想天开。

头脑风暴法的基本内容：针对要解决的问题，召集 6~12 人的小型会议，与会者按一定的步骤和要求，在轻松融洽的气氛中各抒己见、自由联想，互相激励和启发，使创造性思想火花产生撞击，引起连锁反应，从而导致大量新设想产生。

2. 缺点列举法

缺点列举法主要用于改良性产品设计中，是通过列举某产品当前存在的缺点，并将克服其缺点作为目标，提出如何克服其缺点从而改进该产品的创新方法。

3. 组合法

组合法是指按照一定的技术原理或功能目的，将现有的科学技术原理或方法、现象、物品做适当的组合或重新安排，从而获得具有统一整体功能的新技术、新产品的创造技法。

4. 类比法

类比法是一种根据两个（或两类）对象之间在某些方面相同或相似而推出它们在其他方面也可能相同或相似的方法。类比是以比较为基础，对于许多在质上不同的现象，只要它们服从相似的数量规律，往往就可以运用类比法来研究。例如，人们通过观察乌龟的浮游和爬行分析其生理机能，从而构思出水陆两用汽车。

5. 移植法

移植法是将某个领域的原理、技术、方法引用或渗透到其他领域，用于改造或创造新事物。应用移植法往往能得到突破性的技术创新。有时当某个领域的问题很难解决时，采用其他领域的科学技术反而能够很容易地解决问题。

知识点 4：笔架创新产品赏析

笔架创新产品示例如图 1-4-5~ 图 1-4-8 所示。

图 1-4-5   莲藕趣味笔架

图 1-4-6   趣味笔架山

图 1-4-7   黄瓜文镇笔架

图 1-4-8   树叶文镇笔架

📑 项目拓展训练

1）根据本项目学习的产品逆向设计方法，利用逆向设计软件对图 1-4-9 所示的十二生肖鼠首模型进行逆向造型、创新设计，并通过 3D 打印验证设计结果。

2）根据本项目学习的产品逆向设计方法，利用逆向设计软件对图 1-4-10 所示的三星堆青铜人头像模型进行逆向造型、创新设计，并通过 3D 打印验证设计结果。

1-4-5   十二生肖鼠首模型点云数据

1-4-6   三星堆青铜人头像模型点云数据

图 1-4-9   十二生肖鼠首模型（示例）

图 1-4-10   三星堆青铜人头像模型（示例）

3）根据本项目学习的产品逆向设计方法，利用逆向设计软件对图 1-4-11 所示的"撸起袖子加油干"工艺品进行逆向造型、创新设计，并通过 3D 打印验证设计结果。

4）根据本项目学习的产品逆向设计方法，利用逆向设计软件对图 1-4-12 所示的模拟飞行操纵杆进行逆向造型、创新设计，并通过 3D 打印验证设计结果。

1-4-7 "撸起袖子加油干"工艺品点云数据

1-4-8 模拟飞行操纵杆点云数据

图 1-4-11 "撸起袖子加油干"工艺品

图 1-4-12 模拟飞行操纵杆

本项目中的升降座椅把手快速修复学习情境来源于实际生活，随着科技的发展及时代的进步，人们越来越注重生活的质量，更多的人会选择升降座椅来代替传统的座椅，如图 2-0-1 所示。由于升降把手使用频繁，在日常生活中经常会出现破损的现象，同时由于升降座椅厂家产品的更新和升级迭代，已经无法提供该升降把手的配件维修服务。能否利用逆向工程技术和 3D 打印技术实现升降座椅把手的快速修复？

图 2-0-1　升降座椅把手

在升降座椅把手快速修复的实施过程中，需要完成升降座椅把手表面三维数据采集、把手曲面逆向造型设计、把手创新设计、把手 3D 打印及验证等任务，这就需要学生掌握逆向工程技术的工作流程、三维数据扫描技术、产品创新设计和 3D 打印等知识和技能。升降座椅把手快速修复学习情境见表 2-0-1。

表 2-0-1　升降座椅把手快速修复学习情境

序列	学习情境	主要学习任务	学时分配
1	升降座椅把手曲面三维数据采集	蓝光三维扫描仪操作方法	2
2	升降座椅把手点云数据处理	点云数据处理方法，建立产品坐标系	2
3	升降座椅把手逆向造型及创新设计	曲面逆向造型设计方法	12
4	升降座椅把手 3D 打印及验证	3D 打印技术及 3D 打印机的使用	6

学习情境 2-1　升降座椅把手曲面三维数据采集

学习情境描述

　　升降座椅是由座板、靠背、支架、升降把手、升降定位装置和椅脚构成的，通过转动升降把手来控制升降定位装置的上升和下降，从而平稳地调节座椅的高低来适应不同身高的使用者。图 2-1-1 所示为学校某教室的升降座椅把手，由于使用频繁，升降座椅把手已经破损无法使用，同时由于升降座椅厂家产品的更新和升级迭代，已经无法提供该升降把手的配件维修服务。能否利用逆向工程技术对升降座椅把手曲面进行三维数据采集，从而实现升降座椅把手的快速修复？

a) 正面　　　　　　　　　　　　　　b) 反面

图 2-1-1　升降座椅把手

学习目标

一、知识目标

1. 了解蓝光三维扫描仪的工作原理。

2. 熟练掌握三维扫描仪预处理喷粉操作。

3. 熟练掌握蓝光三维扫描仪的基本操作步骤。

二、能力目标

1. 能够根据升降座椅把手的实际要求，选择合适的数据采集方法和三维扫描仪。

2. 能够熟练地使用显影剂对升降座椅把手表面进行喷粉处理。

3. 能够熟练地操作蓝光三维扫描仪，完成升降座椅把手的曲面点云数据采集。

三、素养目标

1. 培养学生发现实际问题和研究应用问题的实践能力。

2. 培养学生独立分析和解决实际问题的实践能力。

3. 培养学生认真细致的工作作风和精益求精的工匠精神。

任务书

　　在了解逆向工程技术的基础上，按照逆向工程技术的基本工作流程对升降座椅把手产品快速修复方案进行设计，并完成升降座椅把手的曲面点云数据采集。接受任务后，借阅或上网查询相关设计资料，获取产品快速开发的步骤、各种先进设计方法等有效信息，合理选择三维数据采集设备，对把手进行喷粉预处理操作，并完成升降座椅把手的三维点云数据采集，如图 2-1-2 所示。

a) 产品实物   b) 产品三维点云数据

图 2-1-2   升降座椅把手三维数据采集

任务分组

学生任务分配表见表 2-1-1。

表 2-1-1   学生任务分配表

班级			组号		指导教师	
组长			学号		组长电话	
组员	姓名		学号		具体任务分工	

任务实施

引导问题 1：蓝光三维扫描仪的工作原理是什么？

_____

_____

_____

_____

引导问题 2：本案例中的升降座椅把手主体是黑色的，把手上的文字是白色的，直接用光学三维扫描仪进行扫描，可以得到完整的把手三维点云扫描数据吗？

_____

_____

_____

引导问题 3：什么样的产品在进行三维扫描前必须进行预处理，扫描前需要使用显像剂进行喷粉操作？

_____

_____

_____

引导问题 4：喷粉的主要操作流程是什么？有哪些注意事项？小组在升降座椅把手喷粉实践过程中遇到了什么问题？

_____

_____

_____

引导问题 5：你认为喷粉操作对本任务的升降座椅把手三维点云数据精度影响大吗？为什么？

_____

_____

_____

引导问题 6：蓝光三维扫描仪的基本操作过程是什么？

_____

_____

_____

引导问题 7：升降座椅把手有注塑的生产缺陷吗？如果有，小组讨论是什么原因引起的？逆向设计过程中遇到有产品缺陷的情况应该如何处理？

_____

_____

_____

引导问题 8：你们小组在升降座椅把手三维扫描实践过程中遇到了什么问题？获得的三维点云数据完整吗？如果三维扫描后得到的数据不完整，应该怎么处理？

_____

_____

_____

升降座椅把手三维数据采集任务实施思路见表 2-1-2。

表 2-1-2   升降座椅把手三维数据采集任务实施思路

实施步骤	主要内容	实施简图	操作视频
1	根据升降座椅把手的实际要求，选择合适的数据采集方法和三维扫描仪	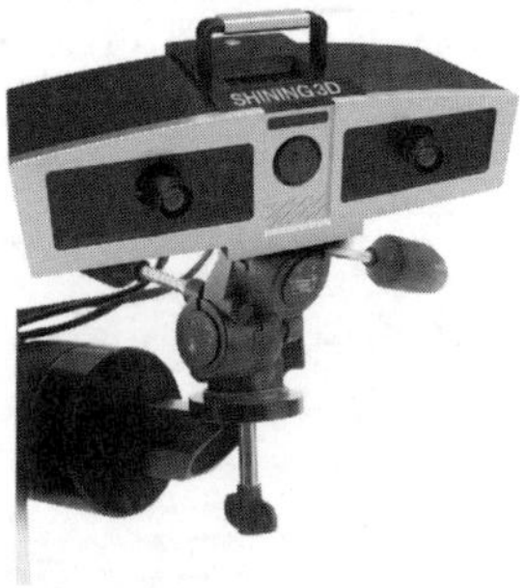	2-1-1 升降座椅把手扫描方案设计
2	对升降座椅把手表面进行喷粉处理		2-1-2 升降座椅把手表面喷粉操作
3	操作蓝光三维扫描仪完成升降座椅把手的曲面点云数据采集	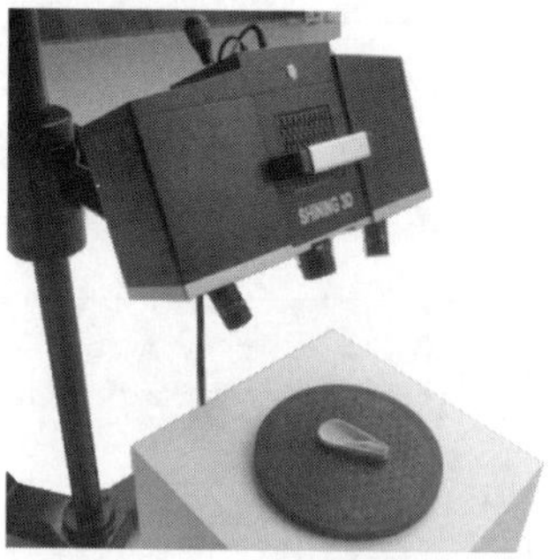	2-1-3 升降座椅把手点云数据采集
4	点云数据保存及输出	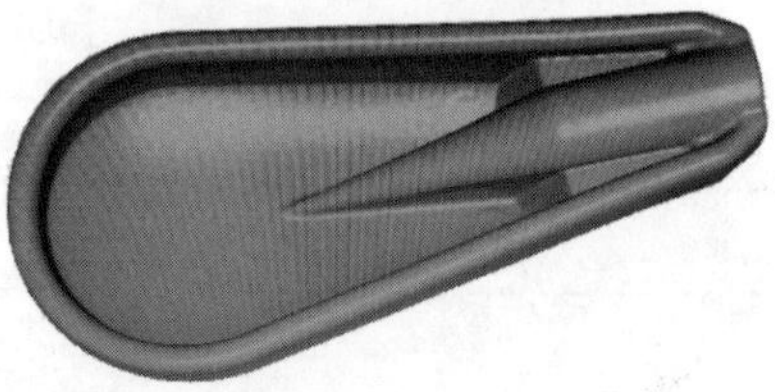	2-1-4 升降座椅把手点云数据输出

评价反馈

　　首先，学生进行自评，评价自己能否完成本学习情境的学习目标，并按时完成实训报告等，检查任务有无遗漏，将结果填入表 2-1-3 中；然后，学生以小组为单位进行团队协作，对学习情境的实施过程与结果进行互评，将互评结果填入表 2-1-4 中；最后，教师对学生的工作过程与工作结果进行评价，评价内容包括工作过程相关学习目标是否达到，报告内容数据是否出自实训工作过程且真实合理，工作结果分析是否合理，是否养成良好的职业素养，项目成果报告是否表达准确、认识体会是否深刻等，并将评价结果填入表 2-1-5 中。

表 2-1-3　学生自评表

班级		姓名		学号		组别	
学习情境 2-1		升降座椅把手曲面三维数据采集					
评价指标		评价标准			分值		得分
蓝光三维扫描仪的工作原理		了解蓝光三维扫描仪的工作原理			10		
扫描预处理喷粉操作		熟练掌握三维扫描仪预处理喷粉操作步骤			10		
蓝光三维扫描仪的基本操作		熟练掌握蓝光三维扫描仪的基本操作步骤			10		
升降座椅把手曲面数据采集		熟练操作蓝光三维扫描仪完成升降座椅把手的曲面点云数据采集			10		
主体曲面数据		升降座椅把手主体曲面点云数据完整			10		
细节特征数据		升降座椅把手细节特征数据完整			10		
工作态度		态度端正，没有无故缺勤、迟到、早退现象			10		
工作质量		能按计划完成工作任务			10		
协调能力		能与小组成员、同学合作交流，协调工作			5		
职业素质		能做到安全生产、文明施工、爱护公共设施			10		
创新意识		通过学习逆向工程技术的应用，理解创新的重要性			5		
合计					100		
有益的经验和做法							
总结、反思和建议							

表 2-1-4　小组互评表

班级		组别		日期					
评价指标	评价标准			分值	评价对象（组别）得分				
					1	2	3	4	5	6
信息检索	该组能否有效利用网络资源、工作手册查找有效信息			5					
	该组能否用自己的语言有条理地解释、表述所学知识			5					
	该组能否将查到的信息有效地运用到工作中			5					
感知工作	该组是否熟悉各自的工作岗位，认同学习情境的工作价值			5					
	该组成员在工作中是否获得了满足感			5					
参与状态	该组与教师、同学之间是否相互尊重和理解			5					
	该组与教师、同学之间是否能够保持多向、丰富、适宜的信息交流			5					
	该组能否处理好合作学习和独立思考的关系，做到有效学习			5					
	该组能否提出有意义的问题或发表个人见解，能否按要求正确操作			5					
	该组成员是否能够倾听、协作、分享			5					
学习方法	该组制订的工作计划、操作技能是否符合规范要求			5					
	该组是否获得了进一步发展的能力			5					
工作过程	该组是否遵守管理规程，操作过程是否符合现场管理要求			5					
	该组平时上课的出勤情况和每天完成工作任务情况			5					
	该组是否善于多角度思考问题，能否主动发现、提出有价值的问题			15					
思维状态	该组是否能发现问题、提出问题、分析问题、解决问题、有创新思维			5					
自评反馈	该组是否能按时按质完成工作任务，并进行成果展示，是否较好地掌握了专业知识点			5					
	该组是否能严肃认真地对待自评，并能独立完成自评表格			5					
小组互评分数				100					

表 2-1-5　教师综合评价表

班级		姓名		学号		组别	
学习情境 2-1			升降座椅把手曲面三维数据采集				
评价指标		评价标准				分值	得分
线上学习（20%）	视频学习	完成课前预习知识视频学习				10	
	作业提交	在线开放课程平台预习作业提交				10	
工作过程（30%）	扫描仪工作原理	了解蓝光三维扫描仪的工作原理				5	
	扫描预处理喷粉操作	熟练掌握三维扫描仪预处理喷粉操作				5	
	扫描仪基本操作	熟练掌握蓝光三维扫描仪的基本操作步骤				5	
	把手曲面数据采集	熟练操作蓝光三维扫描仪，完成升降座椅把手的曲面点云数据采集				5	
	主体曲面数据	升降座椅把手主体曲面点云数据完整				5	
	细节特征数据	升降座椅把手细节特征数据完整				5	

（续）

	评价指标	评价标准	分值	得分
职业素养（20%）	工作态度	学习态度端正，没有无故迟到、早退、旷课现象	4	
	协调能力	能与小组成员、同学合作交流，协调工作	4	
	职业素质	能做到安全生产、文明操作、爱护公共设施	4	
	创新意识	能主动发现、提出有价值的问题，完成创新设计	4	
	6S管理	操作过程规范、合理，及时清理场地，恢复设备	4	
项目成果（30%）	工作完整	能按时完成任务	10	
	任务方案	能按时完成升降座椅把手的曲面数据采集	10	
	成果展示	能准确地表达、汇报工作成果	10	
合计			100	

综合评价	自评（20%）	小组互评（30%）	教师评价（50%）	综合得分

🔆 拓展视野

职业技能等级"新八级工"制度

为了畅通技能人才职业发展通道，2022年3月21日，人社部印发《关于健全完善新时代技能人才职业技能等级制度的意见（试行）》，宣布将原有的"五级"技能等级延伸和发展为"新八级工"制度。

"新八级工"，即在初级工、中级工、高级工、技师和高级技师之下增设学徒工，之上增设特级技师和首席技师，如图2-1-3所示。

2-1-5 八级钳工

2-1-6 钳工刮研工艺

图2-1-3 "新八级工"职业技能等级

"新八级工"与20世纪50年代的"八级工"制度有何区别？

我国的技能人才评价体系始于20世纪50年代的"八级工"制度。1956年，我国确立了"老八级工"制度。"老八级工"制度其实是一种薪资等级制度，从一级到八级将技能等级和工资水平一一对应。

"新八级工"制度是新时代技能人才队伍建设的必然要求。在"新八级工"制度下，技能等级不再是工资标准的附属物，而是独立衡量技能人才技术能力的标尺，能够客观地反映技能人才的技能等级水平和职务岗位，并与薪酬激励、福利待遇、职业发展等相联系。"新八级工"制度有助于打破技能人才成长的"天花板"，并与薪酬激励、福利待遇、职业发展等相联系，为技能人才构建一条更为畅通的发展通道。

学习情境相关知识点

知识点 1：蓝光三维扫描仪的基本原理

蓝光三维扫描仪采用的是一种集合结构光技术、相位测量技术、计算机视觉技术的复合三维非接触式测量技术。测量时，光栅投影装置投射数幅特定编码的结构光到待测物体上，呈一定夹角的两个摄像头同步采得相应图像，然后对图像进行解码和相位计算，并利用匹配技术、三角形测量原理，解算出两个摄像机公共视区内像素点的三维坐标。

测量系统由双目立体视觉测量系统与结构光测量系统组合而成，其中双目立体视觉测量系统基于视差原理，通过左右相机采集的图像获取被测物体的三维几何信息。结构光投影设备把事先准备好的编码相移光栅投射到被测物表面，左右相机拍摄产生畸变的图像，并对相移图片进行解相匹配，利用相位解码获取每一点的相位信息，再结合极线几何约束关系实现两幅图像上点的匹配。最后根据标定结果，利用三角法计算点的三维坐标，以实现物体表面三维轮廓的测量，重建物体表面的三维点云数据，最终得到被测物体的完整点云模型，如图 2-1-4 所示。

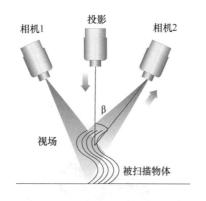
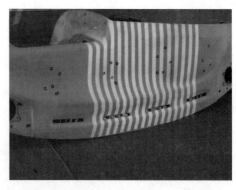

图 2-1-4 光学三维扫描仪的基本原理

蓝光三维扫描仪有别于传统的激光点扫描、线扫描方式，该扫描系统采用的是光栅照相式原理，可对物体进行快速面扫描，通过扫描，技术人员可以在极短的时间里获得物体表面高密度的完整点云数据。设计人员通过处理扫描所得到的物体表面点云数据，可迅速、便捷地将点云数据转化成 CAD 三维数据模型，这样将大大节省技术人员的设计时间，提高工作效率，处理后的三维数据可广泛应用于模具设计、逆向工程、实体测量、质量检测和控制、影视制作以及人体测量。

蓝光三维扫描仪具有以下技术特性。

（1）面扫描 采用先进的照相式原理，其独特之处是可在瞬间内对物体进行快速、全方位扫描，从而获得整个物体表面的三维数据。由于该扫描系统是对物体进行面的扫描，所以其效率大大优于点扫描和线扫描。

（2）精度高　利用独特的测量技术，可获得良好的测量精度。

（3）速度快　该扫描系统扫描单面的时间小于5s。

（4）便携式设计　可方便、灵活地移动扫描仪对大型物体进行测量，特别适用于不易搬动的大型铸件模具或不便扫描的汽车整车内部件。

（5）非接触扫描　适应了柔软、易变形物体的测量要求，可对一些特定汽车内饰进行扫描，适用范围更加广泛。

（6）对环境条件不敏感　该系统对环境的要求并不是很高，环境光对该扫描系统影响不大，大多数情况下甚至可以在露天环境中进行扫描。相对其他光学式扫描系统而言，该系统不需要在暗室里操作，适用环境范围非常广泛。空间光调制器可以灵活地产生需要的光栅条纹，克服了机械式光栅容易磨损、可靠性差的特点。

与传统的接触式扫描仪相比，用蓝光三维扫描仪进行点云采集的主要优点是测量范围大、速度快，并且易于实现，因此被广泛应用于汽车与航天工业。除了覆盖接触式扫描的适用范围，还可以用于柔软、易碎物体的扫描以及难以接触或不允许接触扫描的场合。采用非接触式光学扫描仪，高速扫描使用户可在很短的时间内得到所需的数据，大大缩短了产品的开发周期，因此被广泛应用于逆向工程、人体测量、质量检测及控制、艺术品制作复原及保护等领域。然而，光栅式扫描仪也有明显的不足之处，即只能测量表面起伏不大的较平坦的物体，而测量表面结构变化剧烈的物体时，在变化陡峭处往往会发生相位突变，使测量精度大大降低。另外，由于光栅式扫描仪无法测量物体的内部轮廓，因而其在3D打印中的应用也受到一定的限制。

2-1-7　三角法原理中的点

2-1-8　三角法原理

知识点2：三维扫描预处理技巧——喷粉

在扫描工作开始前，工程师通常需要对被扫描样件进行评估，从而开展扫描前的准备工作。某些样件需要先进行喷粉处理。那么，哪些被扫描物体需要在扫描前做喷粉处理？如何喷粉？喷粉之后对精度是否有影响？

光学扫描仪的原理是扫描设备投射特定光线到被测物体表面，物体将光线反射后由扫描设备的相机接收，再经由扫描软件的特殊算法在软件中重现被测物体的三维数据。因此，扫描设备可以接收到被测物体的反射光线是获取三维数据的必要因素。

因此，遇到暗黑色、高反光、透光的材质，扫描前需要使用显像剂。显像剂的作用是在被扫描物体表面附着一层白色的粉末，从而**改变暗黑色、高反光和透光材质**的表面属性，有利于光学扫描仪获取高质量的数据。需要做喷粉处理的物体如图2-1-5所示。

黑色物体、高反光物体和透光物体无法满足反射—接收

图2-1-5　需要做喷粉处理的物体

光线的原理要求，原因如下。

1. 黑色物体

黑色物体（图 2-1-6）可以吸收投射光，对光的反射率很低，对于暗黑色物体，在不经喷粉处理的情况下，不满足反射要求而无法测量，扫描设备获取的反射光线很有限，无法获取与建立三维模型。

图 2-1-6   黑色物体

目前市面上名为 Black2.0 的颜料可以吸收 99.9% 的光线。可以通过对比图分析不同颜料的吸光率对光线反射的区别，如图 2-1-7 所示。

2. 透光物体

对于透光材质的物体（图 2-1-8）表面，光线会直接穿过物体，无法反射到检测器里，扫描设备无法捕捉到反射的光线，因此无法得到物体表面的三维数据。

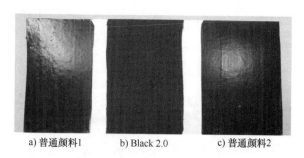

a) 普通颜料1   b) Black 2.0   c) 普通颜料2

图 2-1-7   不同颜料的吸光率对光线反射的区别

图 2-1-8   透光材质物体

3. 高反光物体

高反光材质的物体（图 2-1-9），由于其表面光滑而发生镜面反射，反射光线角度特定，会以集中的方式反射，而不是以扩散的方式反射，"入射—反射"完整链条的缺失，意味着光束击中扫描设备反射器的概率大大降低，导致三维扫描仪只能捕获一小部分反射光束，无法实现完整三维数据的重建。

4. 高品质、高精密扫描要求

如果对扫描精度要求高，喷粉可以尽可能多地去除干扰因素，如颜色差异、反射差异、纹理等，从而使测量精度更高。

图 2-1-9　高反光材质的物体

知识点 3：喷粉操作流程

目前，喷粉方式主要有手动喷涂和自动喷涂，其中手动喷涂是指手持显像剂瓶体，长按喷嘴，将显像剂喷涂在工件表面，通过手持角度以及滑动速度控制喷涂效果，其对技术要求较高、适用范围更广，因此这里主要介绍手动喷涂方式。

手动喷涂的操作流程（以 DPT-5 显像剂为例）如下：

1）在喷粉前做好个人防护工作，如戴好防尘口罩、护目镜、手套，并选择空旷的、不影响他人的场地。

2）喷涂显像剂前，需要先摇匀显像剂，使显像剂粉末充分溶解。

3）喷涂显像剂时，在距离喷涂工件 15~20cm 的位置，长按喷嘴匀速划过工件表面，来回喷涂直至覆盖整个工件（喷涂过程中由于液体覆盖在工件表面还未挥发，直接用手接触工件会留下指纹而影响后续扫描数据效果，建议佩戴橡胶手套或等待液体挥发、干燥后再触碰工件）。

a) 高反光工件　　　　　b) 喷粉过程

c) 喷完效果　　　　　d) 扫描数据效果

4）喷涂完成后，显像剂应均匀覆盖工件，表面平滑，如图 2-1-10 所示。

图 2-1-10　喷粉操作流程

喷粉小技巧：

1）喷粉前应摇匀显像剂，避免粉末因未溶解呈颗粒状而影响扫描数据质量。

2）冬天由于温度过低，粉末无法充分溶解，而造成喷涂在工件表面颗粒很多，可以适当加热显像剂，如将显像剂瓶放入温水中或用吹风机稍微加热使粉末充分溶解。

3）喷涂速度应均匀，避免工件因显像剂喷涂不足而影响扫描数据。

4）喷涂距离不宜过近，喷涂过程为滑动喷涂，需要避免在太近或同一位置喷涂太多显像剂而形成积液，影响数据精度。

知识点 4：喷粉对精度的影响

考虑到检测对精度有较高要求，喷上一层显像剂对精度是否有影响？为了验证这个问题，使用常用的 DPT-5 显像剂和钛粉进行测试，如图 2-1-11 所示。

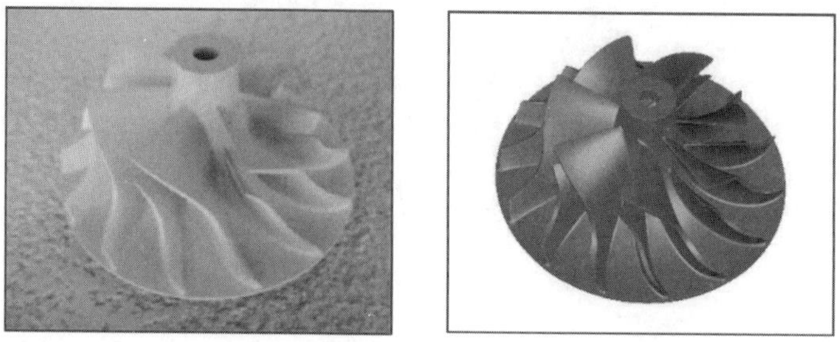

a) 正常情况

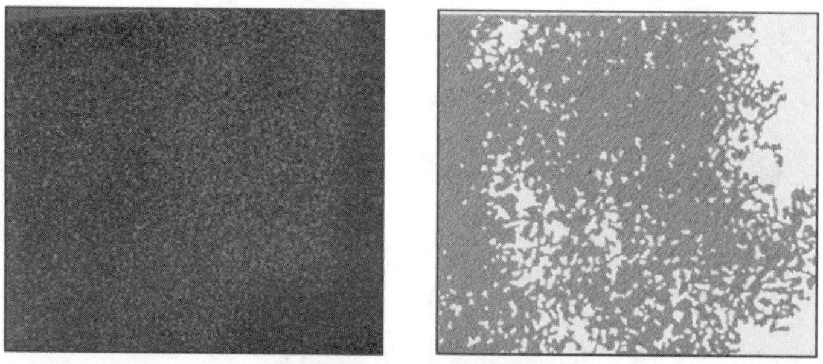

b) 显像剂粉末未充分溶解

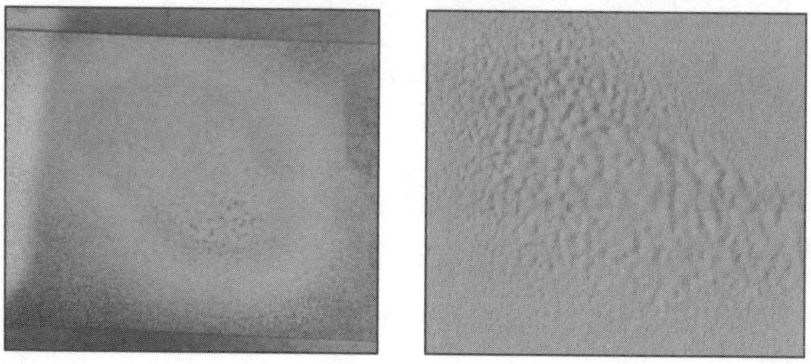

c) 位置太近或同一位置喷太多显像剂

图 2-1-11　喷粉操作典型案例对比

以天远三维扫描仪 OKIO-5M 为测试设备，分别对陶瓷块多次喷涂 DPT-5 显像剂和钛粉来测试喷涂显像剂对精度的影响。经测试得到以下结果：

1）喷涂不同显像剂对尺寸的影响不同，钛粉对结果影响较小，因此，扫描精度要求比较高的物体推荐喷涂钛粉。

2）喷一次钛粉尺寸增加 1~2μm，喷一次 DPT-5 尺寸增加 5~6μm。

知识点 5：蓝光三维扫描仪的基本操作步骤

1. 系统启动

蓝光三维扫描仪如图 2-1-12 所示，事先确保硬件接线正确，接通所有硬件的电源；启动计算机，启动光栅发射器，启动程序，主程序界面以及两个相机图像实时显示界面有显示；根据需要调整相机的参数，得到令人满意的图像质量。

图 2-1-12　蓝光三维扫描仪

2. 设备标定（图 2-1-13）

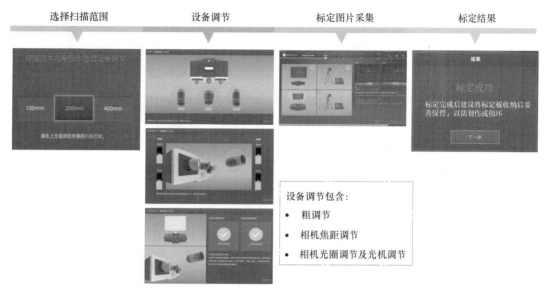

图 2-1-13　蓝光三维扫描仪引导式标定流程

设备启动后，需要对设备进行校准，调整扫描头的工作姿态，调节相机参数，并将相机调节至合适的孔位，再调节相机焦距及光圈，如图 2-1-14 所示。

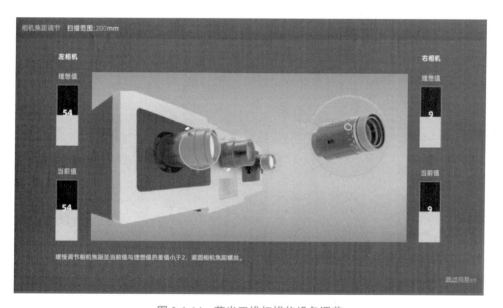

图 2-1-14　蓝光三维扫描仪设备调节

打开左右相机拍摄场景，光栅发生器投射出蓝光。按照界面上的提示，调整扫描头的位置，直至红色符号全部变为绿色对勾符号为止（图 2-1-15），然后单击位置 1，完成第一个标定位置下图像的采集，按软件提示直到标定完成。依次完成七个位置的采集后，单击"计算"，开始进行标定计算，软件弹出"标定成功"对话框，完成标定操作。

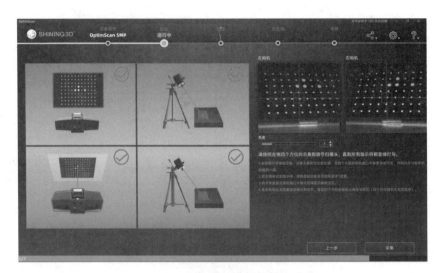

图 2-1-15　蓝光三维扫描仪标定界面

3. 产品扫描

蓝光三维扫描仪支持多种扫描模式——标志点拼接、特征拼接、框架点拼接、转台拼接。

（1）标志点拼接　通过标志点进行数据拼接，利用两次拍摄之间的公共标志点信息来实现对两次拍摄数据的拼接。使用标志点前，要对待测物体进行分析，在需要的、合适的位置贴标志点，通过多次扫描及拼接得到需要的数据。

（2）特征拼接　通过工件本身的几何特征进行数据拼接。

（3）框架点拼接　先扫描框架点，根据框架点进行拼接，一般用于大型工件的扫描。

（4）转台拼接　通过转台的转动设置进行数据拼接，如图 2-1-16 所示。

2-1-12 蓝光三维扫描仪操作方法

2-1-13 升降座椅把手三维点云数据

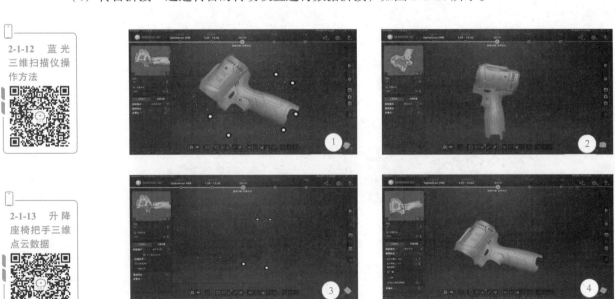

图 2-1-16　蓝光三维扫描仪转台拼接

知识点 6：注射件表面缩水变形原因及解决方法

注射件收缩（Sink Marks，即缩水）是注射成型的缺陷之一。具体表现为：制件表面材料堆积区域有凹痕。收缩主要发生在制件壁厚大的地方或者壁厚发生改变等壁厚不均匀的区域，如图 2-1-17 所示。

a) 缩水缺陷　　　　　　　　　　　　b) 解决缩水缺陷后

图 2-1-17　缩水缺陷对比

当制件冷却时，收缩（体积减小）发生，此时外层贴紧模壁的地方先冻结，在制件中心形成内应力。如果应力太高，就会导致外层的塑料发生塑性变形，即外层会朝里凹陷下去。如果在收缩发生和外壁变形还未稳定（因为还没有冷却）时，保压阶段并没有补充熔融塑料到制件内，在模壁和已凝固的制件外层之间就会形成沉降。这些沉降通常会被看成为收缩。如果制件有厚截面，在脱模后也有可能产生这样的缩水。这是因为内部仍有热量，它会穿过外层并对外层产生加热作用。制件内产生的拉伸应力会使热的外层向里沉降，在此过程中形成收缩（表 2-1-6）。

表 2-1-6　注射件缩水变形原因分析及对策

原因分类	具体原因	解决对策
注射工艺参数不合理引起缩水	1. 注射速度慢	1. 提高注射速度
	2. 保压时间、压力、速度不足	2. 增加保压时间、压力、速度
	3. 冷却时间不足	3. 延长冷却时间，检查运水
	4. 熔胶温度太低	4. 增加熔胶温度
	5. 模具温度太高	5. 降低模具温度
模具结构不合理引起缩水	1. 流道及浇口设计不合理	1. 重新改进设计
	2. 流道或浇口直径太小	2. 加大流道或浇口直径
	3. 壁厚不合理	3. 加、减胶优化壁厚
	4. 排气不良	4. 增加排气
原材料	胶料收缩率太大	增加添加剂或换料

学习情境 2-2　升降座椅把手点云数据处理

学习情境描述

前期已经完成了升降座椅把手产品的曲面三维数据采集，但是得到的三维点云数据量很大，而且测量过程中不可避免地会引入噪声点，需要对测量得到的三维点云数据进行简化、去噪声点等预处理。扫描产品时，一般是摆放在任意位置固定后就开始扫描，这样扫描得到的点云数据在后续的逆向造型设计过程中会造成很多麻烦，必须对其进行找正，建立精确的产品坐标系，便于后续的逆向造型设计和模具设计等。如何对升降座椅把手点云数据进行预处理并建立产品坐标系？

🎯 学习目标

一、知识目标

1. 掌握数据预处理的操作步骤和方法。
2. 掌握三维软件数据预处理命令和操作方法。
3. 掌握建立产品坐标系的一般步骤和方法。

二、能力目标

1. 能够制订升降座椅把手点云数据预处理方案。
2. 能够熟练操作三维软件对升降座椅把手点云进行数据处理。
3. 能够熟练操作三维软件完成升降座椅把手产品坐标系的建立。

三、素养目标

1. 培养学生独立分析和解决实际问题的实践能力。
2. 培养学生控制产品质量、产品精度的意识。
3. 培养学生养成精益求精的工作态度。

📋 任务书

三维扫描得到的点云数据的质量直接关系到生成曲面的品质。根据上一学习情境完成的升降座椅把手曲面三维点云数据，完成数据简化、去噪声点等点云数据预处理，并建立精确的产品坐标系（图 2-2-1），便于后续的逆向造型设计和模具设计等任务。接受任务后，借阅或上网查询相关设计资料，获取产品三维点云数据预处理技术等有效信息，合理地选择常用的三维扫描仪和数据处理软件，完成升降座椅把手三维数据预处理和工件坐标系建立，最终得到升降座椅把手的STL 格式面片文件，为后续的逆向建模提供数据基础。

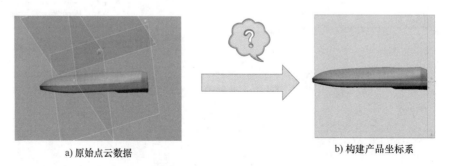

a) 原始点云数据　　　　　　　　　　b) 构建产品坐标系

图 2-2-1　升降座椅把手数据处理及产品坐标系建立

任务分组

学生任务分配表见表 2-2-1。

表 2-2-1　学生任务分配表

班级		组号		指导教师	
组长		学号		组长电话	
组员	姓名	学号	具体任务分工		

任务实施

引导问题 1：什么是逆向工程中的三维点云数据预处理技术？

_____

_____

_____

引导问题 2：常用的三维点云数据预处理方法有哪些？

_____

_____

_____

引导问题 3：上一学习情境扫描得到的升降座椅把手三维点云数据，由于需要从多个方向进行三维扫描数据采集，得到的点云数据量太大，导入逆向设计软件后运行缓慢，应该如何处理？

_____

_____

_____

引导问题 4：上一学习情境扫描得到的升降座椅把手三维点云数据中，端部的螺纹孔没有扫描到完整的数据，该怎么办？

_____

_____

_____

引导问题 5：为什么必须建立产品的坐标系？建立产品坐标系的基本原则是什么？

_____

_____

_____

引导问题 6：建立产品坐标系的基本步骤是什么？本任务中的升降座椅把手应该如何建立产品坐标系？按照 6 点找正法（或 3-2-1 法）需要的特征在升降座椅把手上如何选择？

_____

_____

_____

_____

引导问题 7：你们小组是否完成了升降座椅把手产品坐标系的建立？如何检验建立的坐标系是否准确？

_____

_____

_____

升降座椅把手点云数据处理任务实施思路见表 2-2-2。

表 2-2-2　升降座椅把手点云数据处理任务实施思路

实施步骤	主要内容	实施简图	操作视频
1	选择杂点消除命令删除扫描中的噪声群组	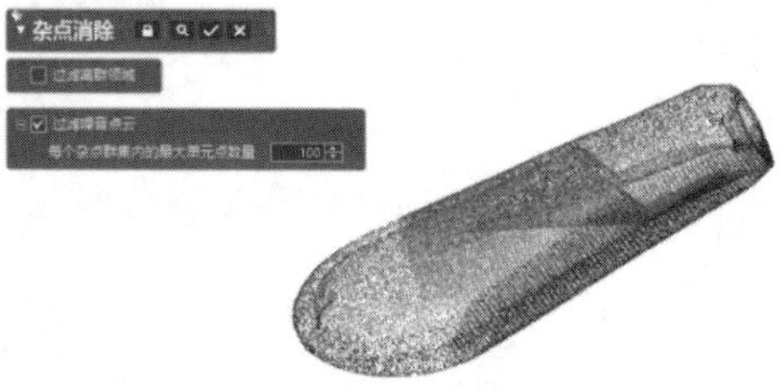	
2	选择采样命令，根据曲率、比率或距离参数设置减少点云中的总点数	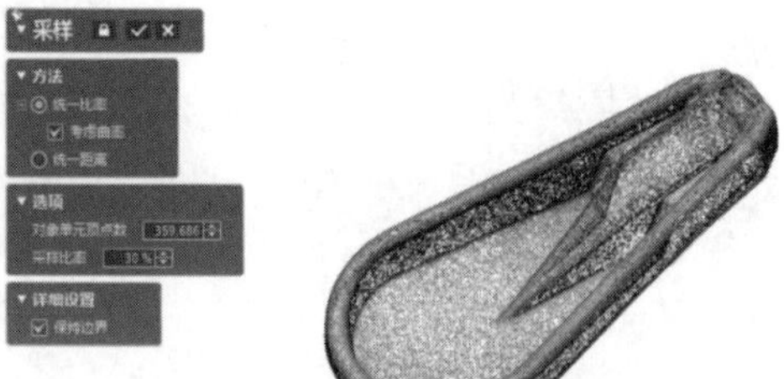	2-2-1　点云数据处理
3	选择平滑命令，可降低点云中外侧形状的表面粗糙度值，使其更加平滑	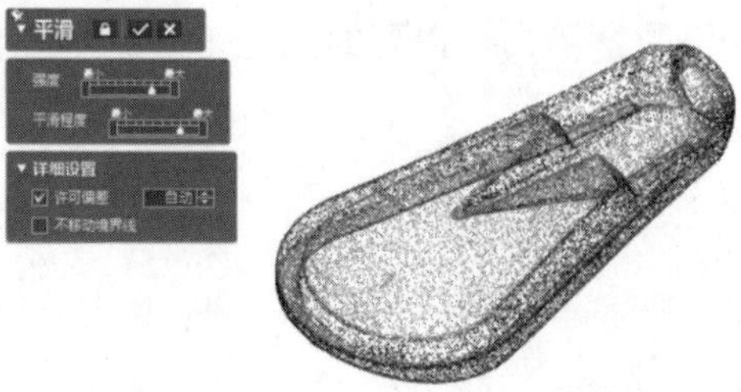	

（续）

实施步骤	主要内容	实施简图	操作视频
4	选择三角面片单元化命令，通过连接扫描数据范围内的点创建单元面以构建面片		
5	选择产品上的平面特征，创建领域并以此为要素创建一个平面		
6	以上一步创建的平面为基准平面，创建面片草图；选择合适的基准面偏移距离，进入面片草图模式；选择产品的合适特征边界线，创建可以定义坐标系元素的基准线		2-2-2　构建产品坐标系
7	选择对齐中的手动对齐命令，默认选择当前文件，在"移动"选项中选择 X-Y-Z 模式，在下方选中前面步骤定义的基本元素来定义原点、X 轴与 Y 轴，从而构建产品坐标系		
8	构建完成产品坐标系		

评价反馈

　　首先，学生进行自评，评价自己能否完成本学习情境的学习目标，并按时完成实训报告等，检查任务有无遗漏，将结果填入表 2-2-3 中；然后，学生以小组为单位进行团队协作，对学习情境的实施过程与结果进行互评，将互评结果填入表 2-2-4 中；最后，教师对学生的工作过程与工作结果进行评价，评价内容包括工作过程相关学习目标是否达到，报告内容数据是否出自实训工作过程且真实合理，工作结果分析是否合理，是否养成良好的职业素养，项目成果报告是否表达准确、认识体会是否深刻等，并将评价结果填入表 2-2-5 中。

表 2-2-3   学生自评表

班级		姓名		学号		组别	
学习情境 2-2			升降座椅把手点云数据处理				
评价指标		评价标准				分值	得分
逆向工程技术的 工作流程		熟悉逆向工程技术的工作流程				10	
数据预处理方法		掌握数据预处理的操作步骤和方法				10	
把手点云数据预处理		熟练操作软件完成升降座椅把手点云数据预处理				10	
建立产品坐标系的原则		理解建立产品坐标系的 6 点找正法（或 3-2-1 法）				10	
建立产品坐标系的方法		掌握建立产品坐标系的一般步骤和方法				10	
把手点云产品坐标系的建立		完成升降座椅把手点云产品坐标系的建立				10	
工作态度		态度端正，没有无故缺勤、迟到、早退现象				10	
工作质量		能按计划完成工作任务				10	
协调能力		能与小组成员、同学合作交流，协调工作				5	
职业素质		能做到安全生产、文明施工、爱护公共设施				10	
创新意识		通过学习逆向工程技术的应用，理解创新的重要性				5	
合计						100	
有益的经验 和做法							
总结、反思 和建议							

表 2-2-4   小组互评表

班级		组别		日期					
评价指标		评价标准	分值	评价对象（组别）得分					
				1	2	3	4	5	6
信息检索		该组能否有效利用网络资源、工作手册查找有效信息	5						
		该组能否用自己的语言有条理地解释、表述所学知识	5						
		该组能否将查到的信息有效地运用到工作中	5						
感知工作		该组是否熟悉各自的工作岗位，认同学习情境的工作价值	5						
		该组成员在工作中是否获得了满足感	5						
参与状态		该组与教师、同学之间是否相互尊重和理解	5						
		该组与教师、同学之间是否能够保持多向、丰富、适宜的信息交流	5						
		该组能否处理好合作学习和独立思考的关系，做到有效学习	5						
		该组能否提出有意义的问题或发表个人见解，能否按要求正确操作	5						
		该组成员是否能够倾听、协作、分享	5						

（续）

评价指标	评价标准	分值	评价对象（组别）得分					
			1	2	3	4	5	6
学习方法	该组制订的工作计划、操作技能是否符合规范要求	5						
	该组是否获得了进一步发展的能力	5						
工作过程	该组是否遵守管理规程，操作过程是否符合现场管理要求	5						
	该组平时上课的出勤情况和每天完成工作任务情况	5						
	该组是否善于多角度思考问题，能主动发现、提出有价值的问题	15						
思维状态	该组是否能发现问题、提出问题、分析问题、解决问题、有创新意识	5						
自评反馈	该组是否能按时按质完成工作任务，并进行成果展示，是否较好地掌握了专业知识点	5						
	该组是否能严肃认真地对待自评，并能独立完成自评表格	5						
小组互评分数		100						

表 2-2-5　教师综合评价表

班级		姓名		学号		组别	
学习情境 2-2		升降座椅把手点云数据处理					
评价指标		评价标准			分值		得分
线上学习（20%）	视频学习	完成课前预习知识视频学习			10		
	作业提交	在线开放课程平台预习作业提交			10		
工作过程（30%）	逆向工程工作流程	熟悉逆向工程技术的工作流程			5		
	数据预处理方法	掌握数据预处理的操作步骤和方法			5		
	点云数据预处理	熟练操作软件完成升降座椅把手点云数据预处理			5		
	建立产品坐标系的原则	理解建立产品坐标系的 3-2-1 法			5		
	建立产品坐标系的方法	掌握建立产品坐标系的一般步骤和方法			5		
	把手点云产品坐标系的建立	完成升降座椅把手点云产品坐标系的建立			5		
职业素养（20%）	工作态度	学习态度端正，没有无故迟到、早退、旷课现象			4		
	协调能力	能与小组成员、同学合作交流，协调工作			4		
	职业素质	能做到安全生产、文明操作、爱护公共设施			4		
	创新意识	能主动发现、提出有价值的问题，完成创新设计			4		
	6S 管理	操作过程规范、合理，及时清理场地，恢复设备			4		

（续）

评价指标		评价标准	分值	得分
项目成果（30%）	工作完整	能按时完成任务	10	
	任务方案	能按时完成升降座椅把手点云数据预处理	10	
	成果展示	能准确地表达、汇报工作成果	10	
合计			100	
综合评价	自评（20%）	小组互评（30%）	教师评价（50%）	综合得分

点云和沙雕

1. 点云

点云是在同一空间参考系下表达目标空间分布和目标表面特性的海量点集合，在使用三维扫描仪获取物体表面每个采样点的空间坐标后，得到的是点的集合，称为点云（Point Cloud）。点云数据（图 2-2-2）是最常见，也是最基础的三维数字模型之一。

三维扫描得到的数据以点的形式记录，每一个点包含三维坐标，点云数据除了具有几何位置，有的还有颜色信息。颜色信息通常是通过相机获取彩色影像，然后将对应位置的像素的颜色信息（RGB）赋予点云中对应的点。

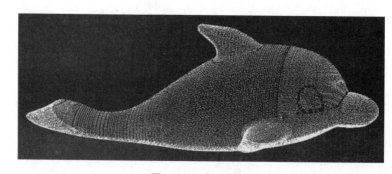

图 2-2-2   点云数据

2. 沙雕

沙雕是一种雕刻艺术，是把沙子堆积并凝固起来，然后雕琢成各式各样的造型的艺术，如图 2-2-3 所示。其真正的魅力在于以纯粹自然的沙和水为材料，通过艺术家的创作，呈现迷人的视觉奇观。点云中的每一个点都可以看作一粒沙子，但点云中的每一个点都包含三维信息，三维点云数据只记录了物体外表面一层数据，内部是中空的。沙雕和点云的区别就是沙雕中的沙子没有三维坐标，是杂乱无章的，虽然其内部是实心的，如果用力捏沙雕，各种造型的沙雕都会立刻变形散成一团。

图 2-2-3　沙雕

学习情境相关知识点

知识点 1：三维扫描高精度数据专业术语

1. 精确度

精确度（尺寸准确度）是指得到的测定结果与真实值之间的接近程度。精确度高，则偏差小；精确度低，则偏差大。测量的精确度高是指系统误差较小，这时测量数据的平均值偏离真值较少，但数据分散的情况，即偶然误差的大小不明确。

评判数据的尺寸偏差对于工业级用户来说极其重要。好的精度不仅指单幅精度（即单幅数据的精度），也包含体积精度（即一定体积范围内的误差），还包含重复精度（即单一标准的多次测量稳定性）。三维扫描仪普遍采用德国的 VDI/VDE 2634 标准，即测定空间内各位置陶瓷球间距离。

2. 一致性精密度

一致性精密度（重复测量精度）是指在相同条件下进行多次测量，测得值之间的一致（符合）程度。有可能精密度高，但精确度不高。例如，对 1mm 的长度进行测定得到的三个结果分别为 1.051mm、1.053mm 和 1.052mm，虽然它们的精密度高，却是不精确的。

犹如运动员打靶，能够命中中心区域，且发挥稳定，才是一名优秀选手。扫描仪的准确度可以比喻成打靶的命中区域，一致性精密度则可以比喻成多次打靶的成绩稳定性。

尺寸精确度表示测量结果的正确性，一致性精密度表示测量结果的重复性和重现性，一致性精密度是尺寸精确度的前提条件，两者之间的关系如图 2-2-4 所示。

3. 分辨率

分辨率即数据的点密度（点距），就

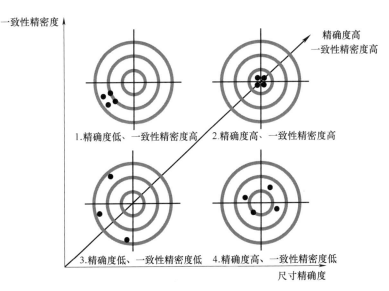

图 2-2-4　尺寸精确度与一致性精密度的关系

如同相机的像素，像素越高，细节体现得越好。同理，物理点距越小，三维扫描数据的细节体现得越精细。数据的精细度（点距）与设备的相机像素、结构光发射器像素、光栅原理算法、单幅扫描范围有关。如同单反相机，像素越高，拍摄距离越近，重构算法越好，图像清晰度越高，分辨率越高，细节就越好。选择的分辨率越高，扫描速度越慢，消耗计算机显存资源越多，扫描物体大小会受到限制。理论上，扫描物体的最大尺寸 = 点距 × 8192/mm，实际扫描物体的最大尺寸受限于计算机显存大小。选择高分辨率时，输出数据较慢，需要耐心扫描，如图 2-2-5 所示。

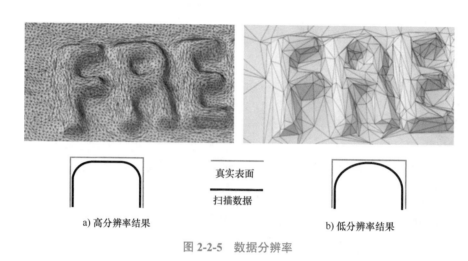

图 2-2-5　数据分辨率

对于不同的三维扫描仪，可以根据被扫描对象的大小改变分辨率，如图 2-2-6 所示。

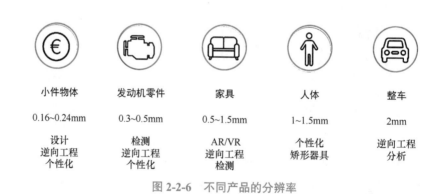

图 2-2-6　不同产品的分辨率

知识点 2：三维点云数据预处理技术的意义

使用测量设备测得的数据可以分为有序数据和无序数据。对于特征比较明显的样件，可能只需要测得特征点、特征线上的有序点，但对于包含自由曲面的复杂样件，通常是采用三维扫描的方法得到海量点云数据，以保留全面的几何信息。点云的数据量很大，而且测量过程中不可避免地会引入噪声点，特别是对于形状比较复杂的样件，需要从多个方向进行数据采集。因此，在数据分块以前，需要对测量数据进行多视拼合、简化、去噪等预处理，可以说，数据预处理的质量直接关系到生成曲面的品质。

知识点 3：三维扫描测量数据的剔除和修补

1. 异常点删除

数据采集的方法虽然多样，但在实际的测量过程中受到人为或随机因素的影响，都会不可避免地引入不合理的噪声点，为了得到较为精确的模型和好的特征提取效果，减少或消除其对后续重构的影响，有必要对测量点云进行删除。数据测量的噪声是指测量数据中测量误差超出所设定误差的那些测量数据，即那些偏离理想位置、超过设定误差的测量数据。

依据测量点的布置情况，测量数据可分为两类：截面测量数据和散乱测量数据。对于截面测量数据，常用的检查方法是将这些测量数据点显示在图形终端，或者生成曲线、曲面，采用半交互、半自动的方法对测量数据进行检查、调整。对于散乱测量数据点，由于拓扑关系散乱，执行光顺预处理十分困难，只能通过图形终端人工交互检查、调整。

2. 数据插补

由于实物拓扑结构以及测量机的限制，一种情况是在实物数字化时会存在某些探头无法测到的区域，另一种情况则是实物零件中经常存在经剪裁或布尔减运算等生成的外形特征，如表面凹边、孔及槽等，使曲面出现缺口，这样在造型时数据就会出现问题，使逆向建模变得困难。一种方法是通过数据插补来补齐空白处的数据，最大限度地获得实物剪裁前的信息，这有助于模型重建工作，并可使恢复的模型更加准确。目前应用于逆向工程的数据插补方法或技术主要有实物填充法、造型设计法和曲线、曲面插值补充法。

知识点 4：三维扫描点云数据的滤波和精简

1. 数据平滑

数据平滑通常采用标准高斯（Gaussian）、平均（Averaging）或中值（Median）滤波算法，滤波效果如图 2-2-7 所示。高斯滤波器在指定域内的权重为高斯分布，其平均效果较小，故在滤波的同时能较好地保持原数据的形貌。平均滤波器采样点的值取滤波窗口内各数据点的统计平均值。而中值滤波器采样点的值取滤波窗口内各数据点的统计中值，这种滤波器消除数据噪声的效果较好。实际使用时，可根据点云质量和后序建模要求灵活地选择滤波算法。

a) 原始点集

b) 高斯(Gaussian)滤波算法

在过滤操作中，通常选择操作距离（Operating Distance）作为过滤的尺度，操作距离是指顺序点之间的最大间距。而高斯滤波算法被用来修正操作距离，应用时那些远大于操作距离的点被处理成固定的端点，这有助于识别间隙和端点。

c) 平均(Averaging)滤波算法

d) 中值(Median)滤波算法

图 2-2-7 三种滤波方法的效果

2. 点云数据精简

产品外形数据是通过测量设备获取的，无论是接触式的数据测量机还是非接触式的激光扫描仪，由于实际测量过程中受到各种人为或随机因素的影响，不可避免地会引入数据误差，尤其是尖锐边和产品边界附近的测量数据中存在坏点，可能使该点及其周围的曲面片偏离原曲面。同时，由于实物几何和测量手段的制约，在测量数据时，会存在部分测量盲区和缺口，为了降低或消除噪声对后续建模质量的影响，有必要对测量点云进行精简。

对于高密度点云，由于存在大量的冗余数据，有时需要按一定要求减少测量点的数量。不同类型的点云可采用不同的精简方式，散乱点云可通过随机采样的方法来精简；对于扫描线点云和多边形点云，可采用等间距缩减、等量缩减、弦偏差等方法。数据精简操作只是简单地对原始点云中的点进行删减，不产生新点。激光扫描技术在精确、快速地获得数据方面有了很大进展。使用三维激光扫描仪测量模型曲面会产生成千上万个数据点，预处理这些大量的数据成为基于激光扫描测量造型的主要问题。直接对点云进行造型处理，对大量的数据进行存储和处理会非常困难，从数据点生成模型表面需要很长一段时间，整个过程会变得难以控制。实际上，并不是所有的数据点对模型的重建都有用，因此，要在保证一定精度的前提下减少扫描数据量。

知识点 5：三维扫描点云数据分块

数据预处理后便可以进行数据分块，点云数据分块是逆向工程中的重要环节，直接关系到后续曲面重构的质量。在实际的产品中，只由一张曲面构成的情况不多，产品往往由多张曲面混合而成，由于组成曲面类型不同，所以 CAD 模型重建分为：先分别拟合单个曲面片，再通过曲面的过渡、相交、裁减、倒圆等手段，将多个曲面缝合成一个整体，即模型重建。数据分块是将点云数据转变为具有不同特征的区域数据，是 CAD 模型重建前非常关键的环节。

目前，对曲面点云数据进行分块存在多种方法。应用最多的则是基于曲面网格，将三角网格化后的曲面点云数据按各点所属的表面几何特征，分为具有不同特征的区域数据，使分块的每个点云属于一个自然的曲面。相对于原始的点云模型，三角网格模型不仅描述了数据点之间的基本拓扑关系，能够产生一定的视觉效果，而且容易与增材制造系统进行有效集成。同时，采用这种方法得到的特征网格相比于四叉树法得到的网格，能更合理地反映零件的结构特征，也更适合下一步的曲面模型建立。

知识点 6：Geomagic Design X 点云数据处理常用功能

1. 杂点消除

杂点消除可自动删除点云中的噪声群组。单击"点"按钮，再单击"优化"模块中的"杂点消除"命令，弹出"杂点消除"对话框，选项数值为默认状态，单击"√"完成命令，如图 2-2-8 所示。

2. 采样

单击"点"→"优化"→"采样"命令，弹出"采样命令"对话框。设置方法为"统一比率"，采样比率为 30%，勾选"考虑曲率"及"保持边界"，单击

"√"完成命令，如图 2-2-9 所示。

图 2-2-8　杂点消除命令

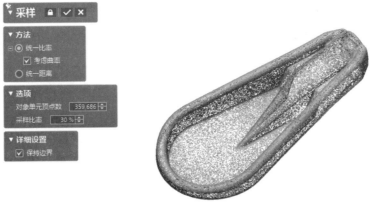

图 2-2-9　采样命令

3. 平滑

单击"点"→"优化"→"平滑"命令，弹出"平滑"对话框。设置强度接近最大，平滑程度接近最大，勾选"许可偏差"，选择"自动"，单击"√"完成平滑命令，如图 2-2-10 所示。

4. 三角面片化

单击"点"→"三角面片化"命令，弹出"单元化"对话框。系统自动选择当前点云，

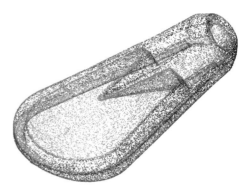

图 2-2-10　平滑命令

选择"构造面片"，将几何形状捕捉精度拉到合适的值，其中扫描仪精度默认为 0.05mm，在"详细设置"中勾选"删除原始数据""消除杂点"与"删除重复点"，单击"√"完成命令，如图 2-2-11 所示。

知识点 7：三维扫描点云产品坐标系的建立

在三维扫描产品之前，一般是通过肉眼观察直接将产品放在工作台的某一合适位置，或者摆放在任意位置固定后就开始扫描，这样得到的点云数据在后续的逆向造型设计过程中会造成很多麻烦，在这种情况下，每一个产品的三维数据采集预处理时都必须首先对其进行找正，建立精确的产品坐标系，便于后续的逆向造型设计和模具设计等。

图 2-2-11   三角面片化命令

建立在被测物体上的坐标系称为产品坐标系（或者工件坐标系），通常采用 6 点找正法，即 3-2-1 法对工件进行找正。首先，通过在指定平面测量三点（1、2、3）或三点以上的点校准基准面；其次，通过测量两点（4、5）或两点以上的点来校准基准轴；最后，再测一点（6）来计算原点。在以上三步操作中，检测点的位置都是依据工件坐标系来选择的。

建立工件坐标系的具体步骤如下：

1）平面找正：确定测量基准平面。任何测量工作的第一步，都是通过测量零件上的一个平面来找正被测零件，保证机器坐标系的 Z 轴总是垂直于该基准平面。若加工零件时采用底平面作为加工基准，可直接找正该底平面作为测量基准平面。注意：平面找正时必须至少取同一平面上的三个点，对于三个以上的点，系统会计算平均值来确定找正平面。

2）轴线找正：确定已找正平面上一轴线的相位。例如，在精加工表面（与已找正平面平行）上探测两个点，使其连成一条直线或通过两个孔中心连成一条直线后，将机器坐标系的一轴旋至与该直线重合，从而确定工件坐标系的 XOY 平面。取垂直于 XOY 平面的任一矢径作为 Z 轴，并取背离测点方向作为 Z 轴正方向，至此，工件坐标系的三轴方向均已确定。

3）原点找正：确定测量系统的基准原点。取被测零件上的任一点作为工件坐标系 Z 轴的射线点，由射线点发出的射线与找正平面相交所得的点为工件坐标系的原点，相对该原点即可确定 X 轴、Y 轴的正方向。

学习情境 2-3   升降座椅把手逆向造型及创新设计

📝 学习情境描述

前期已经完成了升降座椅把手的曲面三维数据采集、三维点云数据预处理，建立了精确的产品坐标系。本案例中升降座椅把手的外表面为自由曲面，内表面大部分是规则曲面，并且产品表面有注射成型生产缺陷，如何利用逆向设计软件完成升降座椅把手逆向曲面造型设计，并对产品进行创新设计，使其符合人机工程学要求，从而更加方便舒适？

学习目标

一、知识目标

1. 理解逆向曲面造型设计的一般原则。
2. 熟练掌握逆向造型软件 Geomagic Design X 曲面造型设计的基本流程。
3. 熟练掌握逆向造型软件 Geomagic Design X 的常用命令。
4. 了解人机工程学在产品设计中的应用。
5. 了解创新设计的一般方法、创新过程和评价方法。

二、能力目标

1. 能够独立分析并制订使用 Geomagic Design X 软件进行升降座椅把手逆向曲面造型设计的思路。
2. 能够使用 Geomagic Design X 软件进行升降座椅把手的逆向曲面造型设计。
3. 能够结合人机工程学对升降座椅把手进行创新设计。

三、素养目标

1. 培养学生分解目标任务与实施思路规划的能力。
2. 培养学生独立分析和解决实际问题的实践能力。
3. 培养学生敬业的工作态度和较强的产品质量、产品精度控制意识。
4. 培养学生的创新思维和创新意识。

任务书

曲面重建是逆向工程的关键环节，是后续产品结构设计、模具加工制造和产品再设计的基础。根据前期学习情境完成的升降座椅把手曲面三维点云数据，完成升降座椅把手的逆向曲面造型设计，并对产品进行创新设计，要求曲面光顺，整体精度为 0.08mm，符合人机工程学要求，更加方便舒适。接受任务后，借阅或上网查询相关设计资料，合理选择常用的逆向造型软件和命令，完成升降座椅把手的逆向造型和创新设计，如图 2-3-1 所示。

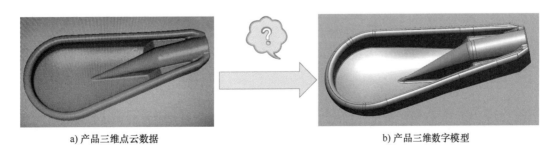

a) 产品三维点云数据　　　　　　　　　　　　　b) 产品三维数字模型

图 2-3-1　升降座椅把手逆向造型和创新设计

任务分组

学生任务分配表见表 2-3-1。

表 2-3-1 学生任务分配表

班级		组号		指导教师	
组长		学号		组长电话	
组员	姓名	学号	具体任务分工		

任务实施

引导问题 1：逆向设计软件 Geomagic Design X 的设计流程是什么？

_____

_____

_____

引导问题 2：常规的逆向曲面造型中由点线面构造曲面和利用点云直接拟合面片有什么区别？分别应用在什么场合？

_____

_____

_____

_____

引导问题 3：本案例中的升降座椅把手产品结构左右对称，构造完外表面后，需要进行镜像处理，但在曲面的中心处常会出现凸起的"折痕"，显得曲面不光顺，这主要是由什么原因引起的？应该如何解决？

_____

_____

_____

引导问题 4：本案例中的升降座椅把手模型比较简单，并且所做的外表面质量比较好，用缝合增厚指令就可建立实体。但实践中经常会出现不能增厚的情况，应该如何处理？

_____

_____

_____

引导问题 5：逆向造型软件 Geomagic Design X 曲面造型常用命令及其功能有哪些？将答案填入表 2-3-2。

表 **2-3-2**　**Geomagic Design X 软件曲面造型常用命令**

序号	命令名称	主要功能
1		
2		
3		
4		
5		
6		
7		
8		
9		
10		

引导问题 6：什么是人机工程学？

_____

_____

_____

引导问题 7：手握式工具的一般设计原则有哪些？

_____

_____

引导问题 8：根据手的解剖及其与工具使用有关的疾患，手握式工具考虑解剖学因素的人因设计原则有哪些？

_____

_____

_____

升降座椅把手逆向造型及创新设计任务实施思路见表 2-3-3。

表 **2-3-3**　**升降座椅把手逆向造型及创新设计任务实施思路**

实施步骤	主要内容	实施简图	操作视频
1	利用放样向导、3D 曲线、扫描与放样等命令创建升降座椅把手的外表面特征	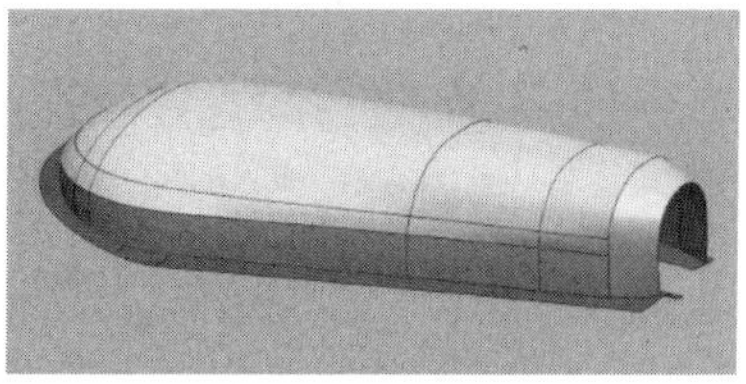	2-3-1　把手外表面构建

（续）

实施步骤	主要内容	实施简图	操作视频
2	通过不断修剪曲面来创建升降座椅把手内表面，拟合平面需要注意曲面的光滑程度与精度，修剪曲面需要思路清晰		 2-3-2 把手内表面构建
3	利用修剪曲面、放样等命令完成升降座椅把手外表面和内表面之间的过渡与细节特征处理		 2-3-3 把手整体曲面构建
4	使用缝合命令缝合曲面，使其转化为实体。利用面片草图、实体拉伸、倒圆角等命令完成细节特征构建		 2-3-4 把手实体构建
5	结合人机工程学相关知识完成对升降座椅把手的创新设计		 2-3-5 把手创新设计

评价反馈

首先，学生进行自评，评价自己能否完成本学习情境的学习目标，并按时完成实训报告等，检查任务有无遗漏，将结果填入表 2-3-4 中；然后，学生以小组为单位进行团队协作，对学习情境的实施过程与结果进行互评，将互评结果填入表 2-3-5 中；最后，教师对学生的工作过程与工作结果进行评价，评价内容包括工作过程相关学习目标是否达到，报告内容数据是否出自实训工作过程且真实合理，工作结果分析是否合理，是否养成良好的职业素养，项目成果报告是否表达准确、认识体会是否深刻等，并将评价结果填入表 2-3-6 中。

表 2-3-4　学生自评表

班级		姓名		学号		组别	
学习情境 2-3			升降座椅把手逆向造型及创新设计				
评价指标		评价标准			分值		得分
曲面造型设计一般原则		理解逆向曲面造型设计的一般原则			10		
利用逆向造型软件基本流程		熟悉利用逆向造型软件 Geomagic Design X 进行曲面造型设计的基本流程			10		
逆向曲面设计基本流程		熟练掌握逆向造型软件 Geomagic Design X 的常用命令及其基本功能			10		
人机工程学应用		了解人机工程学在产品设计中的应用			10		
把手逆向曲面造型设计		完成升降座椅把手的逆向曲面造型设计			10		
把手创新设计		完成升降座椅把手的创新设计			10		
工作态度		态度端正，没有无故缺勤、迟到、早退现象			10		
工作质量		能按计划完成工作任务			10		
协调能力		能与小组成员、同学合作交流，协调工作			5		
职业素质		能做到安全生产、文明施工、爱护公共设施			10		
创新意识		通过学习逆向工程技术的应用，理解创新的重要性			5		
合计					100		
有益的经验和做法							
总结、反思和建议							

表 2-3-5　小组互评表

班级		组别		日期					
评价指标		评价标准	分值	评价对象（组别）得分					
				1	2	3	4	5	6
信息检索		该组能否有效利用网络资源、工作手册查找有效信息	5						
		该组能否用自己的语言有条理地解释、表述所学知识	5						
		该组能否将查到的信息有效地运用到工作中	5						
感知工作		该组是否熟悉各自的工作岗位，认同学习情境的工作价值	5						
		该组成员在工作中是否获得了满足感	5						
参与状态		该组与教师、同学之间是否相互尊重和理解	5						
		该组与教师、同学之间是否能够保持多向、丰富、适宜的信息交流	5						
		该组能否处理好合作学习和独立思考的关系，做到有效学习	5						
		该组能否提出有意义的问题或发表个人见解，能否按要求正确操作	5						
		该组成员是否能够倾听、协作分享	5						

（续）

评价指标	评价标准	分值	评价对象（组别）得分					
			1	2	3	4	5	6
学习方法	该组制订的工作计划、操作技能是否符合规范要求	5						
	该组是否获得了进一步发展的能力	5						
工作过程	该组是否遵守管理规程，操作过程是否符合现场管理要求	5						
	该组平时上课的出勤情况和每天完成工作任务情况	5						
	该组是否善于多角度思考问题，能否主动发现、提出有价值的问题	15						
思维状态	该组是否能发现问题、提出问题、分析问题、解决问题、有创新思维	5						
自评反馈	该组是否能按时按质完成工作任务，并进行成果展示，是否较好地掌握了专业知识点	5						
	该组是否能严肃认真地对待自评，并能独立完成自评表格	5						
小组互评分数		100						

表 2-3-6　教师综合评价表

班级		姓名		学号		组别	
学习情境 2-3		升降座椅把手逆向造型及创新设计					
评价指标		评价标准				分值	得分
线上学习（20%）	视频学习	完成课前预习知识视频学习				10	
	作业提交	在线开放课程平台预习作业提交				10	
工作过程（30%）	曲面造型一般原则	理解逆向曲面造型设计的一般原则				5	
	逆向造型软件基本功能	熟悉利用逆向造型软件 Geomagic Design X 进行曲面造型设计的基本流程				5	
	逆向造型软件基本功能	熟练掌握逆向造型软件 Geomagic Design X 的常用命令及其基本功能				5	
	人机工程学应用	了解人机工程学在产品设计中的应用				5	
	把手逆向造型设计	完成升降座椅把手的逆向曲面造型设计				5	
	把手创新设计	完成升降座椅把手的创新设计				5	
职业素养（20%）	工作态度	学习态度端正，没有无故迟到、早退、旷课现象				4	
	协调能力	能与小组成员、同学合作交流，协调工作				4	
	职业素质	能做到安全生产、文明操作、爱护公共设施				4	
	创新意识	能主动发现、提出有价值的问题，完成创新设计				4	
	6S 管理	操作过程规范、合理，及时清理场地，恢复设备				4	
项目成果（30%）	工作完整	能按时完成任务				10	
	任务方案	能按时完成升降座椅把手的曲面造型及创新设计				10	
	成果展示	能准确地表达、汇报工作成果				10	
合计						100	
综合评价	自评（20%）		小组互评（30%）		教师评价（50%）	综合得分	

拓展视野

黑肤色人最爱的"自拍"手机

日常生活中大家越来越离不开手机，国内的手机市场百花齐放，华为、小米……品牌的选择非常多。传音手机，这个品牌虽然在国内鲜为人知，却是非洲市场的王者，2021 年第一季度，美国市场分析机构国际数据公司（IDC）公布的数据显示，传音在非洲智能手机市场的占有率为 44.3%，排名第一，在非洲属于国民品牌的级别。为什么这个中国品牌在非洲这么畅销？

黑肤色人群由于肤色较深，常规手机难以对其面部进行准确识别，尤其是在光线不佳的情况下，人与环境几乎融为一体，基本都对不上焦，拍照功能无法使用。

传音手机有一项"黑科技"，自拍时可以完美地还原黑肤色，在拍清楚黑肤色人的同时还带有美颜功能（图 2-3-2），在黑暗中也可以进行人脸识别，充分满足了非洲人民的需求。

由于国内手机市场竞争激烈，传音手机选择了经济发展水平不高的非洲地区作为目标市场。为了拓宽非洲市场，传音手机针对非洲市场的需求，经过创新设计，专门为非洲人民打造了独特的拍照功能，深受非洲人民的喜爱。

任何一个品牌想要打开一个市场，都需要有正确的市场定位，要对这个市场进行调研分析，充分考虑当地用户的消费需求，这样才能知己知彼，做出更适合这个市场的产品，从而在这个市场站稳脚步。

图 2-3-2　传音手机拍照效果

学习情境相关知识点

知识点 1：逆向造型软件 Geomagic Design X 的设计流程

1. 点云数据预处理及产品坐标系的建立

使用三维扫描仪进行数据采集，通常扫描到的数据点多达几十万个，需要在软件里对点云数据进行删除噪声点、稀疏等预处理，同时要准确地保持原来的特征点和轮廓点；然后对点云数据进行找正，建立精确的产品坐标系，便于后续的逆向造型设计和模具设计等。

2. 领域划分

领域是将曲面模型按相似度划分成不同的区域，是曲面模型的部分点云集合。领域划分即对原有模型进行切分，是将不规则的曲面模型按照点云集相似度划分成不同的点云集，曲面模型建模是以领域划分为基础的。领域分割后可使用合并、分离、插入、扩大和缩小等操作对生成的领域特征进行领域编辑，根据相邻分割领域的特征选择不同的操作，对领域进行手动编辑以便于建模。

3. 面片草图构建基础特征实体

面片草图模式可以根据面片或点云提取断面轮廓或轮廓多段线，同样也可以根据所提取的多段线创建 2D 几何形状，如直线、圆、圆弧、矩形，可以利用草图要素的约束条件来创建完全参数化的模型。面片草图模式可从扫描数据中提取正确、精确的设计意图。

4. 点云直接面片拟合

制作单张且比较平坦的曲面时，直接用面片拟合比较方便。但是对于曲率半径变化大的曲面，则不适合用面片拟合，否则误差将较大。

5. 建立曲面

可以运用各种构面方法建立曲面，包括扫掠、放样等。构面方法的选择要根据样件的具体特征而定。

结构对称的产品构造完外表面后，要进行镜像处理。在曲面的中心处常会出现凸起的"折痕"，显得曲面不光顺，这主要是因为这两个面不相切所致。最常用的解决方法是把曲面的中心处剪切掉，两个对称面之间的空隙再进行放样，以保证曲面光滑过渡。

构面最关键的是抓住样件的特征，还需要简洁，曲面面积应尽量大，张数应少，不要太碎。另外，还要合理分面以提高建模效率。

建立曲面阶次要尽量小，一般推荐三阶。因为高阶次的片体与其他 CAD 系统成功交换数据的可能性较小，其他 CAD 系统也可能不支持高阶次的曲面。阶次高，则片体比较"刚硬"，曲面偏离极点较远，在极点编辑曲面时很不方便。另外，阶次低还有利于增加一些圆角、斜度和厚度等特征，有利于下一步编程加工，提高后续生成数控加工轨迹的速度。

知识点 2：逆向造型软件 Geomagic Design X 的常用命令

1. 领域划分——"自动分割"命令

"自动分割"通过自动识别点云数据的 3D 特征，实现特征领域分类。分类后的特征领域具有几何特征信息，可用于快速创建特征。

具体操作步骤如下：

1）在菜单栏中单击"插入"→"导入"命令，导入要处理的点云数据。

2）在工具栏中单击"领域组"按钮，进入"领域组"模式，弹出"自动分割"对话框，如图 2-3-3 所示。

图 2-3-3　领域自动分割命令

3）设置敏感度。在"自动分割"对话框中，根据模型的复杂程度，输入适当的敏感度值，越复杂的模型设置的敏感度值越高，分割的领域面越多。

4）设置面片的粗糙度。在"自动分割"对话框中，根据点云数据杂点水平调整"面片粗糙度"，单击"估算"按钮显示一个合适的粗糙度值。

5）单击"确定"按钮，完成自动分割操作。同一模型在敏感度值为 30 和 90 时领域分割的对比图如图 2-3-4 所示。

领域组划分之后，会以不同颜色标注不同的领域，分割出模型相应的特征，以便于建模。自动分割领域时，应尽量将模型分割成面领域、圆柱领域等规则领域。

a)　　　　　　　b)

图 2-3-4　不同敏感度值时领域自动分割结果

2. 面片拟合命令

面片拟合的主要功能是将曲面拟合至所选单元面或领域上。具体操作步骤如下：

1）在菜单栏中单击"模型"模块，选中"面片拟合"命令，弹出"面片拟合"对话框，如图 2-3-5 所示。

2）选中需要拟合成面片的单元面或领域，更改透明蓝色长方形区域至合适大小，旋转至与领域边缘大致平行。

3）在"分辨率"一栏中选择"许可偏差"，根据需要面片的光滑程度与精度更改"最大控制点数"以及"拟合选项"一栏中的平滑值。"最大控制点数"越大，拟合的面片精度越高，误差越小，但光滑程度越低，即越扭曲，反之同理。拟合面片的精度与光滑程度可以通过面片偏差，观察面片在不同方向的扭曲程度来判断。

4）单击"√"按钮，完成面片拟合操作。拟合出的面片尽量光顺且精度符合要求，以便于后续的建模。

3. 面片草图命令

"面片草图"选项卡包含从网格或点云中提取剖面折线或侧面影像折线，以及在提取的多段线上创建二维草图（如直线、圆、矩形）所需的命令。

具体操作步骤如下：

1）单击菜单栏中的"草图"，在"设置"工具栏中选择"面片草

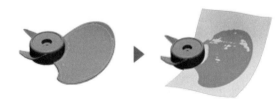

图 2-3-5　面片拟合命令

图"，弹出"面片草图的设置"对话框，如图 2-3-6 所示。

2）选择"平面投影"，单击"基准平面"，选择需要作为基准的平面，定义"由基准面偏移的距离"（可拖动细长箭头来观察合适的草图形状），单击"√"按钮进入面片草图编辑模式，即可进入草图模式进行截面图形的绘制。

3）如果产品为回转截面，可以选择"回转投影"，如图 2-3-7 所示，单击"中心轴"，

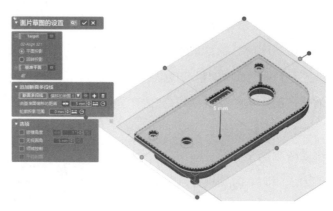

图 2-3-6　面片草图平面投影

选择需要作为中心轴的轴线，单击"基准平面"，选择需要作为基准的平面，定义"由基准面偏移的角度"（可拖动绿色箭头来观察合适的草图形状）。单击"√"按钮进入面片草图编辑模式，即可得到回转形状的截面，进入草图模式可进行截面图形的绘制。

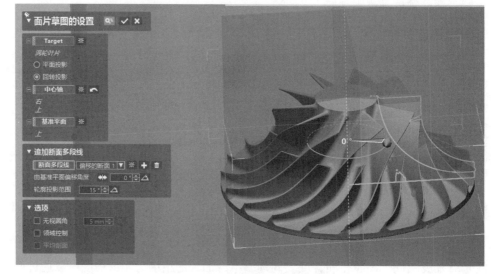

图 2-3-7　面片草图回转投影

4. 曲面扫描命令

扫描需要两个草图，即一个路径和一个轮廓。沿着向导路径拉伸轮廓，以创建开放扫描曲面。也可以将额外轮廓用作向导曲线。

具体操作步骤如下：

1）单击菜单栏中的"模型"，再单击创建曲面模块中的"扫描"，弹出"扫描"对话框，如图 2-3-8 所示。

2）单击对话框中的"轮廓"，选择图中的截面轮廓，再单击"路径"，选择图中的路径线。

3）单击"√"按钮完成扫描命令，即可创建曲面。

5. 曲面放样命令

曲面放样命令至少需要使用两个轮廓来新建放样曲面，按照选择轮廓的

顺序将其互相连接，也可将额外轮廓用作向导曲线，以便清晰、明确地引导放样。

图 2-3-8 曲面扫描命令

具体步骤如下：

1）单击菜单栏中的"模型"，选择创建曲面模块的"放样"命令，弹出"放样"对话框，如图 2-3-9 所示。

2）单击"轮廓"，选择需要放样的轮廓曲线，在约束条件的"起始约束"中选择"与面相切"，在"终止约束"中选择"与面相切"。

3）单击"√"按钮，完成放样曲面的创建。

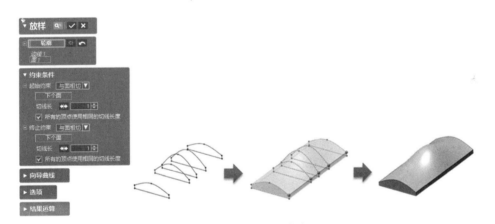

图 2-3-9 曲面放样命令

> **要点**：草图与草图之间的放样是为了创建曲面或实体，面与面轮廓之间的放样是为了光顺地衔接两张曲面，在进行面与面轮廓的放样时，应尽量做到两轮廓长度与平行度一致或接近，这样放样出的曲面较光顺。

知识点 3：点线面构造曲面和点云面片拟合的比较

1. 点线面构造曲面

常规的逆向曲面设计遵循点—线—面的方法构造曲面。

首先根据数据采集得到的产品点云构造曲线，根据产品的形状、特征大致确定构面方法。其次运用各种构面方法建立曲面，构面最关键的是抓住样件特征，还需要简洁，曲面面积应尽量大，张数应少，不要太碎。最后，还要合理分面以提高建模效率。

连线要做到有的放矢，根据样件的形状、特征大致确定构面方法，从而确定需要连接哪些线条，不必连接哪些线条。特别是连接分型线点应尽量做到误差最小且光顺，因为在许多情况下，分型线是产品的装配结合线。

常用的是直线、圆弧和样条线，其中最常用的是样条线。样条线选点间隔应尽量均匀，有圆角的地方先忽略，做成尖角，做完曲面后再倒圆角。阶次最好为三阶，因为阶次越高，柔软性越差，即变形越困难，且后续处理速度慢，数据交换困难。

总之，在生成面之前需要做大量的调线工作，调线时可以使用曲率梳对其进行分析，以保证曲线的质量，从而保证重构曲面的质量。

2. 点云直接面片拟合

制作单张且比较平坦的曲面时，直接用面片拟合命令更方便。但是对于那些曲率半径变化大的曲面则不适用，构造面时误差较大。

知识点 4：构造实体处理技巧

当外表面完成后，需要构建实体模型。当模型比较简单且所做的外表面质量比较好时，用缝合增厚指令就可以建立实体。但经常会出现不能增厚的情况，可以采用偏置外表面的方法来处理。首先需要先偏置外表面的各个片体，再构建出内、外表面的横截面，最后把做出的横截面和内、外表面缝合起来，使其成为封闭的片体，从而自动转化为实体。此过程一般包括以下四个方面。

1. 曲面的偏置

用曲面偏置指令对外表面进行偏置，偏置距离为产品壁厚。不是任何曲面都能够实现偏置，对于那些无法偏置的曲面，要学会分析原因。不能实现偏置一般有以下几种原因：

1）由于曲面本身曲率太大，基本曲面存在法线突变的情况。

2）偏置距离太大而造成偏置后自相交，导致偏置失败。

3）原始偏置曲面的品质不好，局部有波纹，这种情况只能修改好曲面后再偏置。

4）还有一些曲面看起来光顺性很好，但无法偏置，遇到这种情况可用抽取几何图形（Extract Geometry）生成 B 曲面后再偏置，基本就会成功。

2. 曲面的缝合

偏置后的曲面需要裁剪或者补面，用各种曲面编辑手段构建内表面，然后缝合内表面和外表面。缝合时，经常会缝合失败，一般有下列几种可能：

1）缝合时，缝合的片体太多。应该每次只缝合少数几个片体，需要多次缝合。

2）缝合公差小于两个被缝合曲面相邻边之间的距离。遇到此类问题，一般是加大缝合公差后再进行缝合。

3）两个表面延伸后不能交汇，边缘形状不匹配。如果片体不是 B 曲面，则需要先将片体转化为 B 曲面，使其与对应的另一片体的边匹配，再进行缝合。

4）边缘上有难以察觉的微小畸形或其他几何缺陷，可局部放大进行表面分析，检查几何缺陷，如果确实存在几何缺陷，则修改或重建片体后重新缝合。

3. 缝合的有效性

虽然执行了缝合命令，计算机也没有给出错误提示，看似缝合成功，其实结果未必。有的片体在缝合完成后，放大时会看到有高亮显示点或高亮显示线，甚至还有空隙。因此，在缝合完成后，一定要立即检查缝合的有效性。若在缝合线上出现了高亮显示点或高亮显示线，就意味着此部位没有缝合成功，必须取消缝合操作，重新进行缝合，否则将给后续的实体建模工作带来困难。但如果仅仅外周边是高亮显示，则说明缝合成功。

4. 生成实体

偏置后的曲面有的需要裁剪，有的需要补面，用各种曲面编辑手段完成内表面的构建，把内、外表面和横截面缝合成一个闭合的片体，则片体将自动转化为实体。最后再进行产品结构设计，如添加加强筋、安装孔等特征。

知识点 5：人机工程学在产品设计中的应用

人机工程学是研究人及与人相关的物体（机械、家具、工具等）系统和环境，使其符合人体的生理、心理及解剖学特性，从而改善工作休闲环境，提高舒适性和效率的学科。认真研究这门学科，可以创造出最佳设计和最适宜的条件，使人机实现高度协调统一，形成高效、经济、安全的人机系统。

1. 工作座椅人机工程学设计

人在站立时，人体的足裸、腰部、臀部和脊椎等关节部位受到静肌力作用，以维持直立状态，而坐时可免受这些肌力，减少人体能耗，消除疲劳，坐姿比站立更有利于血液循环，而且有利于保持身体的稳定。

目前，大多数办公室人员、脑力劳动者、部分体力劳动者都采用坐姿工作。随着技术的进步，越来越多的体力劳动者也将采取坐姿工作，因而工作座椅设计和相关的坐姿分析日益成为人机工程学工作者和设计师关注的设计要点，主要包括如下几点：

1）使操作者在工作中保持身体舒适、稳定，并能进行准确的控制和操作。

2）座位高（360~480mm）和腰靠高（165~210mm）必须是可调节的。

3）坐垫和腰靠结构应使人感到安全、舒适。

4）腰靠结构应具有一定弹性和足够的刚性，腰靠倾角不超过 115°。

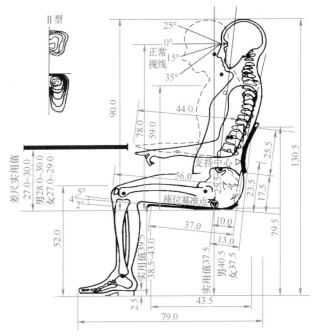

图 2-3-10 座椅的结构形式和参数

5）结构材料应耐用、阻燃、无毒。坐垫、腰靠、扶手的覆盖层应由柔软、防滑、透气性好、吸汗的不导电材料制造。

座椅的结构形式和参数如图 2-3-10 所示，方便设计时选用。

2. 手握式工具的人机工程学设计

人机匹配是指人的特性与机器特性的适当配合。在人机系统中，人是系统的主体，机器是人创造出来的，机器应该适应人的特点。例如，操作空间应与人体外形测量尺寸相适应；操作机构应与人的形体和最佳用力范围相适应，指示仪表及信号应适合人的视觉、听觉和触觉的常规要求等。操作者的人体功能限制也对机器设计提出了特殊要求。人机结合的原则改变了传统的只考虑机械性能的设计思想，提出了同时考虑人与机器两方面因素，以获取最佳技术经济效果的设计思想。

根据手的解剖及其与工具使用有关的疾患，可以得到手握式工具的设计原则。

（1）手握式工具的一般设计原则

1）必须有效地实现预定的功能。

2）必须与操作者身体成适当比例，使操作者能够发挥最大效率。

3）适当考虑性别、训练程度和身体素质的差异。

4）作业姿势不能引起过度疲劳。

（2）手握式工具考虑解剖学因素的人因设计原则　在实验室中，常常需要操作各种手工具或控制器，不良的手工具、器物设计通常是操作人员工作绩效及手部健康的杀手。其人因设计原则包括：

1）保持手腕正直。选用不会造成手腕屈伸的工具。

2）避免组织受到压迫。注意握柄部分是否会压迫到手掌中较软的区域（如掌心），可以通过增加握柄长度或分散转移手掌受力区域来达成。

3）避免手指重复动作。可改变施力启动的部位，以较省力及手指自然屈曲的姿势控制为宜。腕关节动作状态如图 2-3-11 所示。

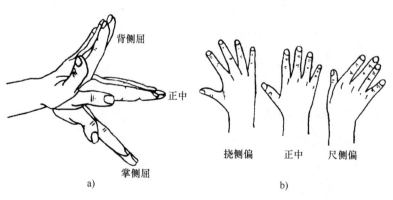

图 2-3-11　腕关节动作状态

符合人机工学设计的剪刀如图 2-3-12 所示。

图 2-3-12　符合人机工学设计的剪刀

学习情境 2-4　升降座椅把手 3D 打印及验证

📝 学习情境描述

在前面的学习情境中已经完成了升降座椅把手的数据采集、数据处理、逆向曲面重构和产品创新设计，那么，创新设计的把手能否安装在座椅上并灵活操作？因此，需要利用 3D 打印机制造出创新设计的产品手板模型，来验证新产品设计的效果，从而完成一个产品开发的完整流程。

🎯 学习目标

一、知识目标

1. 理解不同类型 3D 打印技术的工作原理及优缺点。

2. 熟练掌握从产品开发创新设计到 3D 打印验证的整个工艺流程。

3. 熟练掌握 FDM 类型 3D 打印机的基本操作步骤。

二、能力目标

1. 能够根据升降座椅把手的实际装配需求，选择合适的 3D 打印机。

2. 能够熟练操作 FDM 类型 3D 打印机完成升降座椅把手的 3D 打印。

3. 能够熟练完成升降座椅把手的 3D 打印后处理并进行装配验证。

三、素养目标

1. 培养学生发现实际问题和研究应用问题的实践能力。

2. 培养学生独立分析和解决实际问题的实践能力。

3. 培养学生团队协作解决实际问题的实践能力。

📋 任务书

3D 打印技术不需要任何模具，就可以直接利用计算机图形数据生成任何形状的零件，从而可以大大地缩短产品研制周期，提高生产率，降低生产成本。在前面的学习情境中已经完成了升降座椅把手的数据采集、数据处理、逆向曲面重构和产品创新设计，本任务需要利用 3D 打印机制造出创新设计的产品手板模型，来验证新产品设计的效果，如图 2-4-1 所示。接受任务后，借阅或上网查询相关设计资料，熟悉 3D 打印技术的工作原理及应用场合，合理选择常用的 3D 打印技术及相应类型的 3D 打印机，完成升降座椅把手的 3D 打印并进行装配验证。

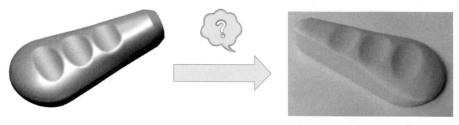

a) 产品创新设计结果   b) 3D打印产品

图 2-4-1   升降座椅把手 3D 打印及验证

任务分组

学生任务分配表见表 2-4-1。

表 2-4-1   学生任务分配表

班级		组号		指导教师	
组长		学号		组长电话	
组员	姓名	学号	具体任务分工		

任务实施

引导问题 1：什么是 3D 打印技术？为什么要使用 3D 打印技术？

_____

_____

引导问题 2：3D 打印技术的工艺流程是什么？小组讨论完成升降座椅把手的 3D 打印工艺流程设计。

_____

_____

引导问题 3：常见的 3D 打印技术有哪些？分组讨论不同 3D 打印技术的工作原理及其应用场合，并完成表 2-4-2。

表 2-4-2　常见的 3D 打印技术

序号	3D 打印技术的类型	常用材料	应用场合
1			
2			
3			
4			
5			
6			
7			
8			

引导问题 4： 你认为本任务中的升降座椅把手应该选用哪种 3D 打印技术？请说明原因。

_____

_____

_____

引导问题 5： 常见的 FDM 类型 3D 打印机的结构及工作原理是什么？

_____

_____

引导问题 6： 使用 FDM 类型 3D 打印机需要注意的安全事项有哪些？

_____

_____

引导问题 7： FDM 类型 3D 打印机的日常维护项目有哪些？

_____

_____

引导问题 8： 使用切片软件完成升降座椅把手的切片任务，导出 Gcode 格式的切片文件，完成表 2-4-3。

表 2-4-3　升降座椅把手切片工艺参数

切片工艺参数		参数值	影响因素
主要参数	层厚		
	喷嘴直径		
	流率		
	平台附着类型		

（续）

切片工艺参数		参数值	影响因素
速度相关参数	打印速度 / 挤出速度		
	回抽长度		
	回抽速度		
	风扇速度		
支撑相关参数	填充率		
	是否加支撑		
	支撑角度		
	支撑密度		
形状相关参数	上下面层厚		
	外轮廓厚度		
材料相关参数	喷头温度		
	打印床温度		

引导问题 9： 使用 FDM 类型 3D 打印机制作的样件后处理工艺有哪些？打印的升降座椅把手完成后有什么质量问题？需要采用哪些后处理工艺？

_____

_____

_____

升降座椅把手 3D 打印及验证任务实施思路见表 2-4-4。

表 2-4-4　升降座椅把手 3D 打印及验证任务实施思路

实施步骤	主要内容	实施简图	操作视频
1	打开切片软件，单击"打开文件"，选择文件所在的文件夹位置，双击数据模型将数据导入	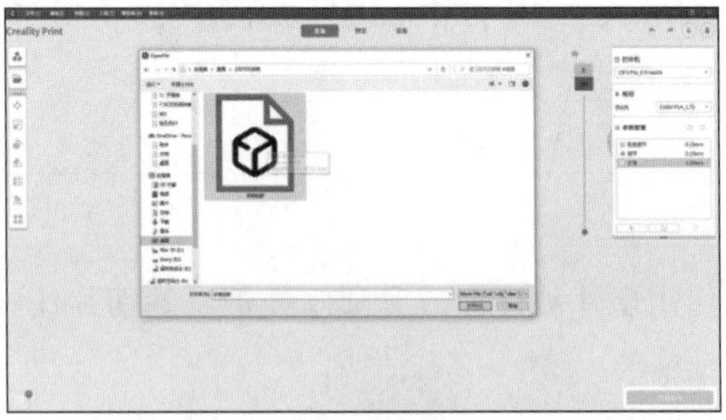	2-4-1　升降座椅把手 3D 打印切片处理
2	对模型位置进行适当的调整与摆放，确定最佳摆放方向，从而可以减少支撑、增加打印成功率	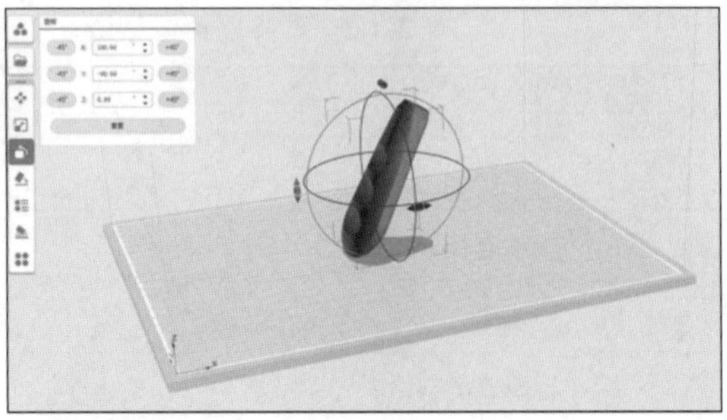	

（续）

实施步骤	主要内容	实施简图	操作视频
3	基于材料、产品结构和打印机性能，对软件的切片参数进行设置，合理的切片参数设置可以提高打印质量，减少打印时间		
4	切片完毕，可在预览界面预览打印效果、耗材用量及预计用时。拉动最右边的进度条，可查看每层打印情况。单击"保存"，保存 Gcode 文件到 U 盘或者 SD 卡准备打印		
5	将 SD 卡插入 3D 打印机右侧下方 SD 卡插口处，导入打印机选择文件进行打印		2-4-2　升降座椅把手 3D 打印
6	3D 打印机制作的样件去除支撑后，样件表面非常粗糙，需要进行打磨抛光、增加强度、表面上色等后处理，最终得到表面光滑的新产品样件		
7	将经过后处理的升降座椅把手 3D 打印件进行装配验证，完成整个设计流程		2-4-3　升降座椅把手装配验证

👥 评价反馈

首先，学生进行自评，评价自己能否完成本学习情境的学习目标，并按时完成实训报告等，检查任务有无遗漏，将结果填入表 2-4-5 中；然后，学生以小组为单位进行团队协作，对学习情境的实施过程与结果进行互评，将互评结果填入表 2-4-6 中；最后，教师对学生的工作过程与工作结果进行评价，评价内容包括工作过程相关学习目标是否达到，报告内容数据是否出自实训工作过程且真实合理，工作结果分析是否合理，是否养成良好的职业素养，项目成果报告是否表达准确、认识体会是否深刻等，并将评价结果填入表 2-4-7 中。

表 2-4-5　学生自评表

班级		姓名		学号		组别	
学习情境 2-4			升降座椅把手 3D 打印及验证				
评价指标		评价标准			分值	得分	
产品开发设计流程		了解产品开发创新设计的一般流程			10		
不同类型 3D 打印技术		理解不同类型 3D 打印技术的工作原理及优缺点			10		
3D 打印工艺流程		掌握 3D 打印技术从产品设计到制作、后处理的整个工艺流程			10		
打印机基本操作		熟悉 FDM 类型 3D 打印机的结构和基本操作			10		
切片软件的使用		掌握切片软件 Simplify3D 的使用及工艺参数设置			10		
把手 3D 打印		完成升降座椅把手的 3D 打印及装配验证			10		
工作态度		态度端正，没有无故缺勤、迟到、早退现象			10		
工作质量		能按计划完成工作任务			10		
协调能力		能与小组成员、同学合作交流，协调工作			5		
职业素质		能做到安全生产、文明施工、爱护公共设施			10		
创新意识		通过学习逆向工程技术的应用，理解创新的重要性			5		
合计					100		
有益的经验和做法							
总结、反思和建议							

表 2-4-6　小组互评表

班级		组别		日期					
评价指标		评价标准		分值	评价对象（组别）得分				
					1	2	3	4	5	6
信息检索		该组能否有效利用网络资源、工作手册查找有效信息		5						
		该组能否用自己的语言有条理地解释、表述所学知识		5						
		该组能否将查到的信息有效地运用到工作中		5						

（续）

评价指标	评价标准	分值	评价对象（组别）得分					
			1	2	3	4	5	6
感知工作	该组是否熟悉各自的工作岗位，认同学习情境的工作价值	5						
	该组成员在工作中是否获得了满足感	5						
参与状态	该组与教师、同学之间是否相互尊重和理解	5						
	该组与教师、同学之间是否能够保持多向、丰富、适宜的信息交流	5						
	该组能否处理好合作学习和独立思考的关系，做到有效学习	5						
	该组能否提出有意义的问题或发表个人见解，能否按要求正确操作	5						
	该组成员是否能够倾听、协作分享	5						
学习方法	该组制订的工作计划、操作技能是否符合规范要求	5						
	该组是否获得了进一步发展的能力	5						
工作过程	该组是否遵守管理规程，操作过程是否符合现场管理要求	5						
	该组平时上课的出勤情况和每天完成工作任务情况	5						
	该组是否善于多角度思考问题，是否能主动发现、提出有价值的问题	15						
思维状态	该组是否能发现问题、提出问题、分析问题、解决问题、有创新思维	5						
自评反馈	该组是否按时按质完成工作任务，并进行成果展示，是否较好地掌握了专业知识点	5						
	该组是否能严肃认真地对待自评，并能独立完成自评表格	5						
小组互评分数		100						

表 2-4-7　教师综合评价表

班级		姓名		学号		组别	
学习情境 2-4			升降座椅把手 3D 打印及验证				
评价指标		评价标准				分值	得分
线上学习（20%）	视频学习	完成课前预习知识视频学习				10	
	作业提交	在线开放课程平台预习作业提交				10	
工作过程（30%）	产品开发设计流程	了解产品开发创新设计的一般流程				5	
	不同类型 3D 打印技术	理解不同类型 3D 打印技术的工作原理及优缺点				5	
	3D 打印工艺流程	掌握 3D 打印技术从产品设计到制件、后处理的整个工艺流程				5	
	打印机基本操作	熟悉 FDM 类型 3D 打印机的结构和基本操作				5	
	切片软件的使用	掌握切片软件 Simplify3D 的使用及工艺参数设置				5	
	把手 3D 打印	完成升降座椅把手的 3D 打印及装配验证				5	

（续）

评价指标		评价标准	分值	得分
职业素养 （20%）	工作态度	学习态度端正，没有无故迟到、早退、旷课现象	4	
	协调能力	能与小组成员、同学合作交流，协调工作	4	
	职业素质	能做到安全生产、文明操作、爱护公共设施	4	
	创新意识	能主动发现、提出有价值的问题，完成创新设计	4	
	6S 管理	操作过程规范、合理，及时清理场地，恢复设备	4	
项目成果 （30%）	工作完整	能按时完成任务	10	
	任务方案	能按时完成升降座椅把手的 3D 打印及装配验证	10	
	成果展示	能准确地表达、汇报工作成果	10	
合计			100	
综合评价	自评（20%）	小组互评（30%）	教师评价（50%）	综合得分

拓展视野

当代 3D 照相馆：立体记录美好瞬间

1. 3D 照相馆的兴起

以往人们都使用照片记录生活中的美好回忆，随着科技的发展，人们不再满足于使用二维照片的方式呈现回忆，大量的需求逐渐延伸到更为生动的三维方向。例如，3D 人物雕像定制是依靠先进的三维扫描仪对人物的全身进行扫描，获取人物全身的三维数据，通过计算机建模后，采用专门的 3D 打印机及合适的材料制作出逼真的 3D 人物模型（图 2-4-2）。

图 2-4-2　3D 打印人物模型

3D 打印人像可以真实、立体地记录美好的瞬间，呈现精彩的人生，真实地记录某个时刻人们的衣饰、姿态、神情、心境，以立体的形式呈现美好的瞬间，且能永久保存。

2. 3D 照相的三大必备技能点

（1）技能一：3D 扫描　使用三维扫描仪对人物进行扫描，实时获取彩色的高精度人体数据，如图 2-4-3 所示。

（2）技能二：3D 设计　将获取的数据文件导入三维设计软件中，根据需求进行相应的优化处理及设计，如图 2-4-4 所示。

（3）技能三：3D 打印　导入设计完成的模型进行打印，清洁并刷洗模型表面的多余材料，对雕像进行涂色、烘干、包装等，如图 2-4-5~ 图 2-4-7 所示。

图 2-4-3　人像 3D 扫描

图 2-4-4　人像 3D 设计

图 2-4-5　人像 3D 打印

图 2-4-6　人像 3D 打印后处理

随着个性化定制的需求与日俱增，高精度 3D 数字化技术的应用愈加广泛。除了人像的定制，3D 扫描所获取的高精度模型还可应用于各类数字项目，包括游戏、动画、AR/VR 等，以便设计师在数据模型的基础上进行设计，激发创造力。

图 2-4-7　3D 照相成果展示

📠 学习情境相关知识点

知识点 1：3D 打印概述

3D 打印是快速成型技术的一种，又称增材制造，它是一种以数字模型文件为基础，运用粉末状金属或塑料等可黏合材料，通过逐层打印的方式构造物体的技术。

3D 打印通常在模具制造、工业设计等领域被用于制造模型，之后逐渐被用于一些产品的直接制造，已经有使用这种技术打印而成的零部件。该技术在汽车、航空航天、珠宝、鞋类、工业设计、建筑、牙科和医疗产业、教育以及其他领域都有所应用。

日常生活中使用的普通打印机可以打印计算机设计的平面物品，而 3D 打印机与普通打印机的工作原理基本相同，只是打印材料不同：普通打印机的打印材料是墨水和纸张，而 3D 打印机内装有金属、陶瓷、塑料粉末等不同的"打印材料"，是实实在在的原材料，打印机与计算机连接后，通过计算机控制可以把"打印材料"一层层叠加起来，最终把计算机上的蓝图变成实物。通俗地说，3D 打印机是可以"打印"出真实的 3D 物体的一种设备，如打印一个机器人、玩具车，打印各种模型（图 2-4-8），甚至是食物等。

图 2-4-8　霸王龙骨架模型

知识点 2：常见的 3D 打印技术

常见的 3D 打印技术包括熔融沉积成型（FDM）、立体光刻（SLA）、数字光处理（DLP）、选择性激光烧结（SLS）、喷墨技术（PolyJet）、多射流熔融（MJF）、直接金属激光烧结（DMLS）、电子束熔化（EBM）等。

知识点 3：3D 打印技术的工艺流程

3D 打印技术的工艺流程主要包括数据采集、数据处理、3D 打印和样件后处理，如图 2-4-9 所示。

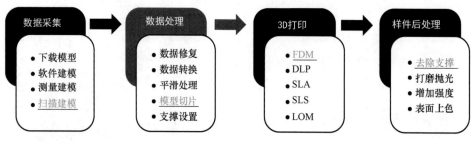

图 2-4-9　3D 打印技术的工艺流程

1. 数据采集

虽然与数据采集和逆向工程技术关键流程中的名称相同，但内容是不一样的，这里的数据采集主要是指用来 3D 打印的模型是如何得到的，最简单的办法是从网上下载模型，也可以利用所学三维软件自己建模，或者采用本课程学习的逆向扫描方法获取模型。设计软件和打印机之间协作的标准文件格式是 STL 格式。一个 STL 文件使用三角面来近似模拟物体的表面，三角面越小，其生成的表面分辨率越高。

先通过计算机建模软件建模，再将建成的三维模型"分区"成逐层的截面。

2. 数据处理

数据处理部分通常是指利用切片软件将需要打印的模型分层切片后，计算出需要打印的截面轮廓，同时包括使用不同三维软件设计的模型之间的数据转换、数据转换后的模型修复、平顺处理等。

3. 3D 打印

将切片软件生成的文件输入 3D 打印机，通过打印机逐层打印，完成产品或者模型的打印。

4. 样件后处理

样件后处理通常是指去除支撑，但是熔融沉积成型的样件去除支撑后，样件表面非常粗糙，远远达不到工业产品的要求，还需要进行打磨抛光、增加强度、表面上色等后处理，最终得到表面光滑、色彩亮丽、符合工业产品要求的新产品样件。

知识点 4：FDM 类型 3D 打印机的工作原理

FDM 类型（熔融沉积成型）3D 打印机的工作原理如图 2-4-10 所示，主要采用 PLA 材料，以丝状形态供料。材料在喷头内被加热熔化，喷头沿着零件截面轮廓和填充轨迹运动，同时将熔化的材料挤出，材料迅速凝固，并与周围的材料粘接，层层叠加，沉积成型出产品模型。

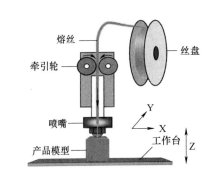

图 2-4-10　FDM 类型 3D 打印机的工作原理

知识点 5：FDM 类型 3D 打印机的操作流程

1. 开启打印机

将电源线一端插入机器背面的电源接口，另一端再插入电源插座。之后按下电源开关，听到"滴"的一声后，如果显示屏正常显示开机界面，表示 3D 打印机已经正常启动。

2. 调平打印平台

1）在初始调平时，稍微拧紧平台底部的四个调平螺母。

2）设置"调平模式"，单击数字 1~5。

3）自动调平开启时，自动调平的补偿值生效，打印中回零默认执行自动调平，可以获取良好的打印效果。

4）自动调平关闭时，自动调平的补偿值失效，打印中可以节约调平的时间。

依次单击数字 1~5，移动喷嘴至螺钉上方附近，拧动螺钉，调节打印平台喷嘴使二者处于刚好贴合的状态，间距约为 0.1mm（约为一张 A4 纸的厚度），按顺序调平四个角，单击数字 5，测试打印平台中间的间隙是否合适。

3. 喷头预热

单击首页的工具菜单，单击控制系统→手动设置，在预热菜单中，可进行打印热床或者喷头预热。在对应的对话框中输入需要的温度，即可调节指定温度，若打印 PLA 耗材，可调节至喷嘴 200℃、打印热床 60℃。

2-4-4　3D打印机操作流程

4. 装卸材料

当 ABS 材料打印完成，需要打印 PLA 材料时，先将喷嘴升温到 240℃，然后更换 PLA，将 PLA 送达喷嘴处后，将耗材进料 150mm，将喷嘴处的 ABS 余料尽量挤出，然后将喷嘴温度降低为 200℃再打印。

当温度达到目标温度时，将耗材插入挤出机小孔至喷嘴位置，当喷嘴处有耗材流出时，即表示耗材已经装载完成。

2-4-5　3D打印机基本操作

5. 开始打印

将切片软件生成的 G 代码保存到存储卡中，插入存储卡后单击"打印"按钮，在弹出的菜单中选择要打印的文件，即可开始打印。

知识点 6：3D 打印机切片参数设置

常用的切片工艺参数见表 2-4-8。

表 2-4-8　常用的切片工艺参数

切片工艺参数	影响因素
层厚	直接影响物体摆放 Z 轴方向的打印质量，数值越小，则打印质量越好，但时间越长；反之，则打印时间越短，质量越差。一般打印质量推荐值为 0.2mm
喷嘴直径	喷嘴直径一般为 0.4mm，如果需要打印高精度模型，可以更换 0.2mm 或 0.25mm 的喷嘴
材料挤出流率	流率：100%
平台附着类型	使用线圈 / 裙边：勾选这个选项时，将在打印工件的外圈额外加几圈线圈，以增加工件与平台的接触面积，使工件贴附得更加牢靠 裙边的层数：层数越高，裙边贴附得越紧，打印时一般为一层 裙边分离距离：工件与裙边相隔的距离。在打印开始前，挤出头挤出足够的材料，以确保打印工件第一层不会漏丝而造成产品缺陷 S 裙边圈数：一般设置 5~10 圈 使用底座：重新打印一层自建打印平面，保证打印模型能够牢固地粘贴在打印热床上，防止模型打印翘边问题 底座打印层数：一般为 3~5 层
打印速度	打印速度 / 挤出速度：100%
回抽长度	推荐值为 4.5mm，具体结合打印件拉丝情况进行调整
回抽速度	一般为 40mm/s，回抽参数需要经过长期的测试得到，在这些参数下拉丝情况是最好的
风扇速度	风扇速度：100%，PLA 材料需要在散热较好的环境下打印
填充率	填充率是指物体内部填充的比率。0 表示只有外壁的空心体，打印时间短，但强度不高；反之，100% 表示实心体，打印时间长，但强度高。无特殊情况一般设置为 20%
支撑	是否加支撑需要根据产品结构进行分析，当倾斜角度大于 45° 时，应该给予悬挂边支撑设置
支撑角度	支撑角度是指需要加上支撑的最小悬挂角度，数值越小，则支撑越多，反之亦然。无特殊情况一般设置为 45°

（续）

切片工艺参数	影响因素
支撑密度	支撑的填充密度越大，则支撑越牢固，但打印时间越长。推荐的设置范围为15%~60%
上下面层厚	封顶层厚：顶层层数乘以层厚就是封顶的厚度。模型封顶层厚为0.8~1.6mm，防止顶层漏丝造成产品缺陷 封底层厚：底层层数乘以层厚就是底层的厚度。模型底层厚度为0.8~1.2mm
外轮廓厚度	外壳圈数乘以线宽（0.4mm）等于壁厚，壁厚一般为0.4~1.2mm
喷头温度	FDM设备的挤出头熔化打印耗材的温度，PLA材料通常设置为190~210℃
热床温度	打印热床温度：FDM设备的热床温度。为了使打印模型粘贴在热床上，PLA材料通常设置为50~65℃

知识点7：3D打印机操作安全事项

1）3D打印机一般只能使用本公司提供的电源适配器，否则会有设备损坏及发生火灾的危险。

2）为了避免燃烧或模型变形，当打印机正在打印或打印刚完成时，禁止用手触摸模型、喷嘴、打印平台或机身其他部分。

3）在移除辅助支撑材料时建议佩戴护目镜。

4）打印过程中会产生轻微的气味，但不会使人感到不适，因此建议在通风良好的环境下使用3D打印机。此外，打印时应尽量使打印机远离气流，因为气流可能会对打印质量造成一定的影响。

5）请勿使打印机接触水源，否则可能会造成设备的损坏。

6）在加载模型时，请勿关闭电源或者拔出USB线，否则会导致模型数据丢失。

7）在进行打印机调试时，喷头会挤出打印材料，因此应保证喷嘴与打印平台之间至少有50mm以上的距离，否则可能导致喷嘴阻塞。

知识点8：3D打印机的日常维护项目

1. 更新材料

1）撤出打印机中的剩余材料。初始化打印机并选择3D打印菜单，单击"退出"按钮，系统会自动开始加热喷嘴。当喷嘴达到适当温度时，打印机会发出蜂鸣声，然后就可以缓慢地撤出材料。

2）把一卷新的材料放在材料卷上，通过丝材管拉出，直到通过丝材管约10cm，然后从喷嘴的孔内插入。

3）在3D打印菜单中选择维护菜单中的"维护"按钮，然后单击"挤出"按钮。在喷嘴的温度上升到260℃后，打印机就会发出蜂鸣声，将丝材从喷嘴的孔内拉出，稍稍用力，喷嘴就会自动挤出丝材。通过喷嘴挤出的塑料丝材应该薄、光亮且平滑。

2. 垂直校准

垂直校准程序可以确保打印平台完全沿着X轴、Y轴和Z轴的水平方向。

3. 清洗喷嘴

多次打印之后，喷嘴上可能会覆盖一层氧化的ABS材料。当打印机开始打印时，氧化的ABS可能会熔化，造成模型表面斑点型变色，所以需要定期清洗喷嘴。

1）预热喷嘴，熔化被氧化的 ABS。单击"维护"对话框中的"挤出"按钮，然后降低平台至底部。

2）使用耐热材料，如纯棉布或软纸，以及一个镊子清理喷嘴。

4. 拆除 / 更换喷嘴

如果喷嘴堵住，需要拆除并更换喷嘴。注意：使用打印机随机配备的喷嘴扳手拆卸喷嘴；请勿在喷头温度过低（小于 200℃）的情况下进行此操作。

项目拓展训练

1）根据本项目所学的产品逆向设计方法，利用逆向造型软件对图 2-4-11 所示的反光灯罩进行逆向造型设计，并进行 3D 打印验证设计结果。

2）根据本项目所学的产品逆向设计方法，利用逆向造型软件对图 2-4-12 所示的灯罩壳进行逆向造型设计，并进行 3D 打印验证设计结果。

2-4-6　反光灯罩点云数据

2-4-7　灯罩壳点云数据

图 2-4-11　反光灯罩

图 2-4-12　灯罩壳

3）根据本项目所学的产品逆向设计方法，利用逆向造型软件对图 2-4-13 所示的万向节内套进行逆向造型设计，并进行 3D 打印验证设计结果。

4）根据本项目所学的产品逆向设计方法，利用逆向造型软件对图 2-4-14 所示的水龙头进行逆向造型设计，并进行 3D 打印验证设计结果。

2-4-8　万向节内套点云数据

2-4-9　水龙头点云数据

图 2-4-13　万向节内套

图 2-4-14　水龙头

弧面凸轮逆向设计及质量检测学习情境来源于企业真实案例。如图 3-0-1 所示，凸轮分割器是某生产设备运动机构的核心部件，它是一种弧面分度凸轮机构，凸轮转动时，从动件做间隙分度运动。这种机构可以在高速下承受较大的载荷，运转平稳，噪声和振动都很小，在高速压力机、多色印刷机和包装机械等自动机械中得到了广泛应用，具有广阔的市场前景。

图 3-0-1　凸轮分割器

某企业生产设备由于长时间高负荷运转，造成凸轮分割器中的弧面凸轮磨损严重，影响设备的正常运转，同时由于设备更新和升级迭代，该弧面凸轮已经无法进行原厂配件维修。能否利用逆向工程技术对弧面凸轮进行逆向设计，并数控加工出产品实现弧面凸轮的快速修复？

在弧面凸轮逆向设计及质量检测中，需要完成弧面凸轮的表面三维数据采集、逆向曲面造型设计、快速质量检测等任务，要求学生掌握逆向工程技术的工作流程、三维数据扫描技术、产品质量检测等知识和技能。本项目的主要学习情境见表 3-0-1。

表 3-0-1　弧面凸轮逆向设计及质量检测学习情境

序列	学习情境	主要学习任务	学时分配
1	弧面凸轮扫描方案设计	激光三维扫描技术及多视数据拼接	2
2	弧面凸轮三维数据采集	激光扫描表面贴点和数据处理	2
3	弧面凸轮逆向设计	逆向曲面造型设计方法	6
4	弧面凸轮快速质量检测	掌握产品质量检测的常用方法	6

学习情境 3-1 弧面凸轮扫描方案设计

学习情境描述

采用弧面凸轮分度机构的凸轮分割器已成为精密驱动方面的主流装置。它具有高速性能好、运转平稳、传递转矩大、定位时自锁、结构紧凑、体积小、噪声小、使用寿命长等显著优点，是代替槽轮机构、棘轮机构、不完全齿轮机构等传统间歇机构的理想产品，被广泛用作各种组合机械、机床加工中心、烟草机械、化工灌装机械、印刷机械、电器制造装配自动生产线等需要把连续旋转运动转化为步进动作的自动化机械的必备功能部件。

图 3-1-1 所示为凸轮分割器中的核心零件——弧面凸轮，由于长时间高负荷运转，弧面凸轮磨损严重，影响了设备的正常运转，同时由于设备更新和升级迭代，该弧面凸轮已经无法进行原厂配件维修。由于该弧面凸轮尺寸较大且曲面形状复杂，需要设计合理的扫描方案进行测量。如何利用逆向工程技术对弧面凸轮进行逆行设计以实现快速修复？

图 3-1-1　弧面凸轮

学习目标

一、知识目标

1. 了解常用三维扫描仪的优缺点及应用领域。
2. 了解激光三维扫描仪的工作原理。
3. 熟练掌握逆向工程的工作流程。

二、能力目标

1. 能够根据弧面凸轮的实际要求，选择合适的数据采集方法和三维扫描仪。
2. 能够根据逆向工程的基本工作流程分析并制订弧面凸轮的逆向设计思路。
3. 能够根据弧面凸轮的质量检测要求，分析并制订弧面凸轮的检测方案。

三、素养目标

1. 培养学生发现实际问题和研究应用问题的实践能力。
2. 培养学生的组织协调能力和团队合作能力。
3. 培养学生产品质量零缺陷的质量意识。

任务书

在详细了解凸轮分割器的使用场合和具体使用要求后，针对弧面凸轮尺寸较大且曲面形状复杂这一情况，按照逆向工程技术的基本工作流程对弧面凸轮快速修复三维扫描方案进行设计。接受任务后，借阅或上网查询相关设计资料，获取产品快速开发的步骤、各种先进设计方法等有效信息，合理选择三维数据采集设备，完成弧面凸轮快速修复三维扫描方案设计（图 3-1-2）。

a) 产品实物   b) 产品三维点云数据

图 3-1-2 弧面凸轮快速修复三维扫描方案设计

任务分组

学生任务分配表见表 3-1-1。

表 3-1-1 学生任务分配表

班级		组号		指导教师	
组长		学号		组长电话	
组员	姓名	学号	具体任务分工		

任务实施

引导问题 1：凸轮分割器的工作原理是什么？主要应用在机械行业的哪些场合？

_____

_____

_____

_____

引导问题 2：本案例中的弧面凸轮主体是金属材质的，表面光滑且反光，直接用激光三维扫描仪进行扫描，可以得到完整的凸轮三维点云扫描数据吗？扫描前需要使用显像剂进行喷粉操作吗？

_____

_____

_____

引导问题 3：本案例中的弧面凸轮尺寸较大且曲面形状复杂，不翻转工件是否可以完成测量？应该如何设计三维扫描方案？

_____

_____

_____

引导问题 4：激光三维扫描仪的工作原理是什么？有什么优缺点？

_____

_____

引导问题 5：什么是多视数据拼接技术？在什么情况下需要使用多视数据拼接技术？

_____

_____

_____

引导问题 6：常见的多视数据拼接方法有哪些？本案例中的弧面凸轮三维扫描时应该采用哪种方法？查阅资料选择并设计合理的拼接方案。

_____

_____

_____

引导问题 7：查阅相关资料，小组讨论确定弧面凸轮的三维扫描方案。

_____

_____

_____

弧面凸轮逆向设计及质量检测三维扫描方案设计流程如图 3-1-3 所示。

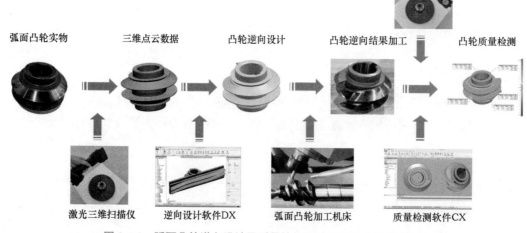

图 3-1-3　弧面凸轮逆向设计及质量检测三维扫描方案设计流程

评价反馈

首先，学生进行自评，评价自己能否完成本学习情境的学习目标，并按时完成实训报告等，检查任务有无遗漏，将结果填入表 3-1-2 中；然后，学生以小组为单位进行团队协作，对学习情境的实施过程与结果进行互评，将互评结果填入表 3-1-3 中；最后，教师对学生的工作过程与工作结果进行评价，评价内容包括工作过程相关学习目标是否达到，报告内容数据是否出自实训工作过程且真实合理，工作结果分析是否合理，是否养成良好的职业素养，项目成果报告是否表达准确、认识体会是否深刻等，并将评价结果填入表 3-1-4 中。

表 3-1-2 学生自评表

班级		姓名		学号		组别	
学习情境 3-1		弧面凸轮扫描方案设计					
评价指标		评价标准				分值	得分
逆向工程工作流程		熟练掌握逆向工程的工作流程				10	
激光三维扫描仪工作原理		了解激光三维扫描仪的工作原理				10	
激光三维扫描仪优缺点		了解激光三维扫描仪的优缺点及应用领域				10	
多视数据拼接技术		了解多视数据拼接技术				10	
多视数据拼接方法		了解多视数据拼接方法				10	
弧面凸轮扫描方案设计		熟练完成弧面凸轮的三维扫描方案设计				10	
工作态度		态度端正，没有无故缺勤、迟到、早退现象				10	
工作质量		能按计划完成工作任务				10	
协调能力		能与小组成员、同学合作交流，协调工作				5	
职业素质		能做到安全生产、文明施工、爱护公共设施				10	
创新意识		通过学习逆向工程技术的应用，理解创新的重要性				5	
合计						100	
有益的经验和做法							
总结、反思和建议							

表 3-1-3　小组互评表

班级			组别		日期					
评价指标	评价标准				分值	评价对象（组别）得分				
						1	2	3	4	5	6
信息检索	该组能否有效利用网络资源、工作手册查找有效信息				5					
	该组能否用自己的语言有条理地解释、表述所学知识				5					
	该组能否将查到的信息有效地运用到工作中				5					
感知工作	该组是否熟悉各自的工作岗位，认同学习情境的工作价值				5					
	该组成员在工作中是否获得了满足感				5					
参与状态	该组与教师、同学之间是否相互尊重和理解				5					
	该组与教师、同学之间是否能够保持多向、丰富、适宜的信息交流				5					
	该组能否处理好合作学习和独立思考的关系，做到有效学习				5					
	该组能否提出有意义的问题或发表个人见解，能否按要求正确操作				5					
	该组成员是否能够倾听、协作分享				5					
学习方法	该组制订的工作计划、操作技能是否符合规范要求				5					
	该组是否获得了进一步发展的能力				5					
工作过程	该组是否遵守管理规程，操作过程是否符合现场管理要求				5					
	该组平时上课的出勤情况和每天完成工作任务情况				5					
	该组是否善于多角度思考问题，是否能主动发现、提出有价值的问题				15					
思维状态	该组是否能发现问题、提出问题、分析问题、解决问题、有创新思维				5					
自评反馈	该组是否按时按质完成工作任务，并进行成果展示，是否较好地掌握了专业知识点				5					
	该组是否能严肃认真地对待自评，并独立完成自评表格				5					
小组互评分数					100					

表 3-1-4　教师综合评价表

班级		姓名		学号		组别	
学习情境 3-1			弧面凸轮扫描方案设计				
评价指标		评价标准				分值	得分
线上学习（20%）	视频学习	完成课前预习知识视频学习				10	
	作业提交	在线开放课程平台预习作业提交				10	
工作过程（30%）	逆向工程工作流程	熟练掌握逆向工程的工作流程				5	
	激光扫描仪工作原理	了解激光三维扫描仪的工作原理				5	
	激光三维扫描仪优缺点	了解激光三维扫描仪的优缺点及应用领域				5	
	多视数据拼接技术	了解多视数据拼接技术				5	
	多视数据拼接方法	了解多视数据拼接方法				5	
	弧面凸轮扫描方案设计	熟练完成弧面凸轮的三维扫描方案设计				5	

（续）

评价指标		评价标准	分值	得分
职业素养（20%）	工作态度	学习态度端正，没有无故迟到、早退、旷课现象	4	
	协调能力	能与小组成员、同学合作交流，协调工作	4	
	职业素质	能做到安全生产、文明操作、爱护公共设施	4	
	创新意识	能主动发现、提出有价值的问题，完成创新设计	4	
	6S 管理	操作过程规范、合理，及时清理场地，恢复设备	4	
项目成果（30%）	工作完整	能按时完成任务	10	
	任务方案	能按时完成弧面凸轮的三维扫描方案设计	10	
	成果展示	能准确地表达、汇报工作成果	10	
合计			100	

综合评价	自评（20%）	小组互评（30%）	教师评价（50%）	综合得分

💡 拓展视野

海尔的"质量观"

1985 年，海尔集团开始从德国引进电冰箱生产技术。不久后，就有用户向海尔反映冰箱存在质量问题。海尔集团对全部的冰箱进行了检查，发现库存 76 台冰箱虽然没有制冷问题，但存在外观有划痕等小问题。当时，海尔集团创始人张瑞敏先生做了一个令众人瞠目结舌的决定：将这些冰箱当众砸毁，相关负责人包括他本人扣除当月工资。他认为，"有缺陷的产品就是废品"，这是一个企业不能允许的。张瑞敏抢起大锤亲手砸了一台冰箱（图 3-1-4），员工们看着砸碎的冰箱内心觉得十分震撼，要知道，当时一台冰箱的价格相当于普通工人两年的收入，砸了的 76 台冰箱意味着 20 多万元人民币付诸东流，很多职工都流下了眼泪！

图 3-1-4 海尔"砸冰箱"事件

张瑞敏并没有就此而止，在管理工作中离不开必要的经济处罚，他将管理理念渗透到每一位员工的心里，再将理念外话成制度，在接下来的一个月里，张瑞敏发动和主持了一个又一个的会议，讨论主题非常集中在："我这个岗位有质量隐患吗？我的工作对质量造成了什么影响？我的工作会影响谁？谁的工作会影响我？从我做起，从现在做起，怎么提高质量？"在讨论中，大家相互启发，相互提醒，更多的则是深刻的内省与反思。于是，"产品质量零缺陷"的理念得到了广泛的认同，从此，海尔从上至下的面貌焕然一新，"员工爱厂以厂为家，众志成城全心全意建设海尔"的精神蔚然成风。

"砸冰箱"事件不仅使海尔成为当时注重质量的代名词，同时也震惊了海尔所有的人。作为一种企业行为，海尔砸冰箱事件不仅改变了海尔员工的质量观念，对企业赢得了美誉，而且引发了中国企业质量竞争的局面，反映出中国企业质量意识的觉醒，对中国企业及全社会质量意识的提高产生了深远的影响。

这把铁锤唤醒了海尔人的质量意识，成为中国改革开放的重要标志。这把铁锤于2010年被国家博物馆收藏（图3-1-5）。

2005年，张瑞敏在海尔全球经理人年会上首次提出"人单合一"模式，为海尔注入了全新势能。"人单合一"的精髓就是释放每个人的潜力，将做决策的权力给予基层，让企业所有的人都变成自主人。在"人单合一"的影响下，海尔的组织形态不断进化，变成了生态企业。而成为生态企业的海尔，其势能也越发强大。"人单合一"模式不但推动了海尔的发展，还引发了全球企业学习"人单合一"的新热潮。2021年，张瑞敏和欧洲管理发展基金会主席联合签署全球首张人单合一国际认证证书（图3-1-6），**标志着中国企业创造的管理模式成为国际标准，也意味着中国企业已经进入向全球输出国际管理标准认证的新阶段。**

图3-1-5　国家博物馆收藏的铁锤

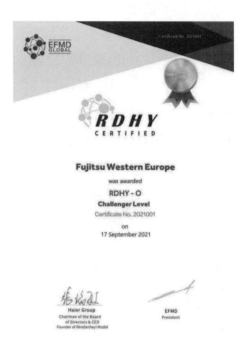

图3-1-6　全球首张人单合一国际认证证书

学习情境相关知识点

知识点1：凸轮分割器在机械设备中的应用

弧面分度凸轮机构中的凸轮转动时，使从动件做间隙分度运动。这种机构可以在高速下承受较大的载荷，运转平稳，噪声和振动都很小，在高速压力机、多色印刷机和包装机械等自动机械中得到了广泛应用，分度频率高达2000次/min左右，分度值可达15″。与传统的间歇分度机构相比，弧面分度凸轮机构在动力学性能、承载能力、分度精度等方面均有不可比拟的优越性，是代替槽轮机构、棘轮机构、不完全齿轮机构等传统间歇机构的理想产品，具有广阔的市场前景。

凸轮分割器在结构上属于一种空间凸轮转位机构，在各类自动机械中主要可以实现以下功能：圆周方向上的间歇输送、直线方向上的间歇输送和摆动驱动机械手。凸轮分割器本身是将连续运动转换为步进动作的一种机构，所以其最广泛的应用方式为：交流电动机 + 凸轮分割器，如图 3-1-7 所示。由交流电动机驱动时，其停歇、工作时间比为定值；由步进电动机或者伺服电动机驱动时，则可以达到任意停歇、工作时间比。在实际使用中，基本不用伺服电动机驱动凸轮分割器，因为分割器本身已经具备非常高的定位精度。

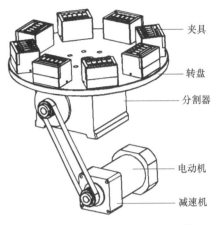

图 3-1-7 凸轮分割器的应用场景

1. 弧面分度凸轮机构的工作原理

弧面凸轮机构常用于两垂直交错轴间的分度传动，主动凸轮为轮廓呈突脊状的圆弧回转体，从动转盘上装有几个沿周向均匀分布的滚子。凸轮旋转时，其分度段轮廓推动滚子，使转盘分度转位；当凸轮转到其停歇段轮窝时，转盘上的两个滚子跨夹在凸轮的圆环面突脊上，使转盘停止转动。

图 3-1-8a 所示定位圈环面在凸轮中央，适用于高速、轻载和滚子数较少的场合；图 3-1-8b 所示的定位圈环面位于凸轮两端，适用于滚子数较多的中、低速和中重载场合。弧面分度凸轮类似于具有变螺旋角的弧面蜗杆，转盘相当于具有滚子齿的蜗轮。所以弧面凸轮也有单头、多头和左旋、右旋之分。凸轮和转盘转动方向的关系，可用类似于蜗杆传动的方法来判定。

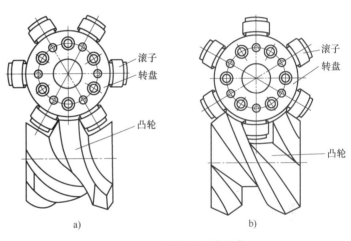

a)   b)

图 3-1-8 弧面分度凸轮机构

2. 弧面分度凸轮机构的结构设计要点

1）应保证转盘轴线与凸轮轴线垂直交错。

2）转盘上滚子的中心平面应与转盘轴线垂直。

3）转盘上滚子的中心平面应与凸轮轴线共面，设计时应考虑有可调整转盘轴向位置的结构，例如，在转盘轴的轴承衬套端面与箱体间设置可调整厚度的垫片。

4）转盘轴线应位于凸轮定位环面的对称平面上，以保证凸轮定环面与左右两侧滚子接触良好。设计上应考虑在安装时具有可调整凸轮轴向位置的结构，例如，在凸轮两端面用螺母调整其轴向位置。

5）设计时应考虑中距可调整，以消除滚子与凸轮工作曲面间的间隙及适当预紧，例如，可采用垫片或可调整偏心的轴套。

3. 凸轮分割器的精度

高速精密凸轮分割器被广泛应用于各个行业，如雕刻机、包装机、组装机、装配机等。从这些机械可以看出，分割器的精度必须达到相应要求，稍有不慎就会前功尽弃。

标准精密凸轮分割器的分割精度是 ±30″，重复精度可以达到2″。1°=60′，1′=60″，因此1°=3600″，肉眼基本无法辨别1″的角度，可见对凸轮的加工精度要求非常高。

知识点2：激光三维扫描仪的基本原理

三维激光扫描技术（3D Laser Scanning Technology）是一种高精度立体扫描技术，属于用激光侦测环境情况的主动式扫描仪。其基本原理是三角测距法：激光三维扫描仪发射多组激光线到待测物体上，并利用摄影机查找待测物体上的激光光点；随着待测物与激光三维扫描仪之间距离的不同，激光光点在摄影机画面中的位置也有所不同。这项技术之所以被称为三角形测距法，是因为激光光点、摄影机与激光本身构成一个三角形，如图3-1-9所示。在这个三角形中，激光与摄影机的距离、激光线在三角形中的角度是已知条件。根据摄影机画面中激光光点的位置，可以确定摄影机位于三角形中的角度，这三个条件可以决定一个三角形，并可计算出待测物体的距离。

手持激光扫描仪就是利用上述三角形测距法构建出3D图形：通过手持式设备，对待测物体发射出激光光点或线性激光条纹，以两个或两个以上的侦测器（电偶组件或位置传感组件）测量待测物体的表面到手持激光产品的距离，通常还需要借助特定参考点（通常是具有黏性、可反射的标志点贴片），用于扫描仪在空间中的定位及校准。这些扫描仪获得的数据会被导入计算机中，并由软件转换成完整的待测物体3D模型，如图3-1-10所示。

激光发射器将激光投射到物体表面，经物体反射的激光被内部的CCD相机接收，根据不同的距离，CCD相机可以在不同的角度下"看见"这个激光点。激光线扫过物体表面之后，软件通过三角形测距法确定每个激光点的三维坐标，实现三维轮廓重建。

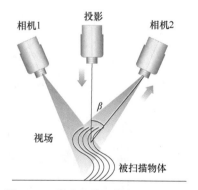

图3-1-9　激光三维扫描仪的工作原理

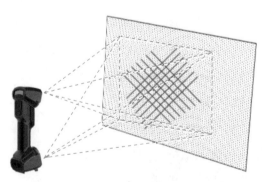

图3-1-10　手持激光扫描仪的扫描过程

三维激光扫描技术可以快速地采集物体表面大量的三维点，少的有几万个，多的可达几百万个。三维激光扫描仪可以用于人工不易测量的场合，如杂乱的工作环境或形状不规则的大型工件，扫描得到这些工件的三维坐标，然后根据三维坐标构建目标物体的三维点云模型。

无论是激光扫描仪还是LED光扫描仪，都有各自适用的领域及优缺点。激光扫描仪的工作原理是将激光点、光束或多束激光投射到物体上，然后通过相机捕捉其反射的光线。LED 光扫描仪使用白色或蓝色 LED 投射光图案在物体表面，由一个相机或多个相机同时捕捉物体反射的光线。当配备彩色相机时，就可以获取物体的色彩信息。基于不同的技术，光调制器可以产生不同的投影图案。

对比而言，激光对环境光线的敏感度较低，对光亮或暗黑等表面的扫描性能较好，而且大部分激光扫描仪都是手持式的，非常便携。但是，对于非常反光或透明的表面，很难使用激光扫描仪获取数据。LED 光扫描仪通过投射光图案，而不是激光线，可以快速捕捉到高分辨率和高精度的大尺寸数据。与激光光源相比，LED 光对人眼更安全，所以可以用于人体的扫描。部分含有固定模式的 LED 光扫描仪可以安装在三脚架上进行固定扫描，也可用手持扫描仪围绕物体进行数据的获取。但是，它对环境光和反光的样件比较敏感，数据不易获取。

在选择扫描仪时，需要综合考量扫描的地域、扫描速度、扫描件的色彩和材质、需要达到的精度或效果等。

知识点 3：多视点云数据对齐

在逆向工程中对实物样件进行数据采集时，有时不能在同一坐标系下一次测出样件表面的几何数据。究其原因，一是由于样件尺寸太大，超出测量机的行程；二是在部分区域，测头受被测样件表面形状的阻碍或者不能触及样件的反面。此时必须在不同的定位状态（即不同的坐标系）下测量样件表面的各个部分，得到的数据称为多视数据。

另外，在逆向工程中，对于具有规则外形的产品，直接对零件的特征尺寸进行测量、建模就能满足产品的整体装配要求；但对于具有自由曲面外形的产品，如汽车、摩托车的外形覆盖件等出于美观的要求，表面外形往往具有流线型的特点，不同配合零件的表面是由一个完整的曲面经剪裁、切割生成的，要保证整个曲面的完整性，其外观质量及零件之间的配合轮廓的装配要求特别高。在采集三维数据时，应选择整体装配测量的方案，但是采集这种复杂曲面表面数据时，对于尺寸较大或者曲面形状复杂的零件，无法一次定位完成测量，需要用不同设备或从不同角度对样件的各个特征表面以及样件局部特征进行放大扫描，样件的数据采集必须经过多次测量才能全部实现，产生了不同坐标系下的多视点云。

通常为便于处理，将两种情况的数据都称为多视数据或多视点云，而在曲面重构时，必须将不同坐标系下的多视数据统一到同一个坐标系中，这个数据处理过程称为多视数据的对齐、多视拼合、重定位等。

知识点 4：常用的多视点云数据对齐方法

由于刚体运动时只有坐标变化、不产生形状变化，因此，将数据点集看作一个刚体，两个数据点集或者 CAD 几何模型的对齐都属于空间刚体移动，因此，多视数据对齐也可以看作空间两个刚体的坐标转换，问题可以简化为求解相应的坐标转换矩阵，即移动矩阵 T 和旋转矩阵 R。有以下方法可用于处理多视数据对齐：

1. 基于辅助测量装置的直接对齐

基于辅助测量装置的直接对齐需要设计一个自动移动工作台，能直接记录测量过程中的移动量和转动角度，通过测量软件直接对数据点进行运动补偿。对于激光扫描仪，多视传感器被安装在可转动的精密伺服机构上，并将测量姿态准确地调控到预定方位，按规划好的测量路径扫描样件，精密伺服机构可以提供准确的坐标转换 **R**、**T** 矩阵；或者将被测物体固定在工作台上，转动工作台调整被测物体与视觉传感器之间的相对位置，由工作台读数确定初始坐标转换矩阵，然后用软件计算修正。这种方法快速方便，但需要精密的辅助装置，系统复杂，而且不能完全满足任何视角的测量，仍需要合适的事后数据对齐处理。

2. 事后数据对齐处理

事后数据对齐处理又可分为对数据的直接对齐和基于特征图元的对齐两种方法。数据的直接对齐是根据数据之间的拓扑信息关系，直接对数据点集进行操作，实现数据的对齐，从而获得完整的数据

3-1-1　标志点的作用

信息和一致的数据结构。基于特征图元的对齐方法是对各视图数据进行局部特征造型，然后拼合对齐这些几何特征，这种方法也称为基于特征图元的多视对齐，其优点是可以利用特征的几何元素（点、线、面等）进行对齐，对齐过程简单，结果准确可靠。但是，在通常情况下，一个特征经常被分割在不同的视图中，没有完整的特征和拓扑信息，局部造型往往十分困难。

3. 基准点对齐处理

3-1-2　标志点多视数据拼接原理

由于三点可以建立一个坐标系，如果测量时在不同视图中建立用于对齐的三个基准点，通过这三个基准点的对齐就能实现三维测量数据的统一。测量时，在零件上设置基准点，取不同位置的三个标记点，在进行零件表面数据测量时，如果需要改变零件位置，用记号标记每次变动必须重复测量的基准点，模型要求装配建模的，应分别测量零件状态和装配状态下的基准点。在不同测量坐标下得到的数据，通过将三个基准点移动对齐，就能将数据统一在一个产品坐标系下，实现测量数据的对齐。模型数据的对齐精度取决于三个基准点的测量精度，另外，在相同测量误差的情况下，基准点的位置选取不同，也会影响模型数据的对齐，但如果将误差控制在一定的范围内，这样的数据变换是能够满足设计和装配要求的。

知识点 5：手持激光三维扫描仪简介

激光三维扫描仪（图 3-1-11）在保证高精度、稳定的重复精度以及轻量化设计的基础上，提升精细扫描能力以及对大型工件扫描的全局精度控制的能力，采用（26+5+1）条蓝色激光线组合并集成摄影测量模块，兼顾速度、精度和细节，可以提供适用于不同尺寸扫描场

图 3-1-11　激光三维扫描仪

景的技术方案，进行计量级精度检测、逆向设计、增材制造及其他应用。

激光三维扫描仪的技术参数见表 3-1-5。

表 3-1-5 激光三维扫描仪技术参数

扫描模式	多线交叉、单线		多线精细（HD）
光源形式	（26+1）条蓝色激光线		5 条平行激光线
扫描精度 /mm	最高 0.02		最高 0.01
扫描速度 /（点 /s）	1390000		
基准工作距 /mm	300		200
扫描景深 /mm	510		
扫描幅面 /mm	600×550		
材质适应性	独特的反光材质及黑色表面算法，软件一键选择目标物体特性，轻松获取黑色和反光材质物体的高品质 3D 数据		
摄影测量	内置摄影测量（选配）		
体积精度 /（mm/m）	标准模式	0.02+0.03	
	全局模式	0.02+0.015	
空间点距 /mm	0. 01~3		
光源类别	Class 2M（人眼安全）		
传输方式	USB 3.0		
设备大小 /mm	298×103.5×74.5		
设备质量 /g	840		
供电	12V，5A		
工作温度 /℃	−20~40		
工作湿度（%）	10~90		
认证资质	CE、FCC、ROHS、WEEE、KC		
数据输出格式	STL、ASC、OBJ、PLY 扫描结果可与 Control X、Verisurf、Polyworks、Einsense Q、CATIA、Geomagic Studio、Imageware 等测量软件自由交换数据		

3-1-3 激光三维
扫描仪产品简介

学习情境 3-2　弧面凸轮三维数据采集

📝 学习情境描述

弧面凸轮分度机构是由输入轴弧面凸轮与输出轴分度轮上的滚动轴承无间隙垂直啮合，从而将旋转运动转变为间歇运动的传动机构。弧面凸轮是凸轮分割器中的核心零件，由于长时间高负荷运转，弧面凸轮磨损严重，影响设备正常运转，同时由于设备更新升级迭代，该弧面凸轮已经无法进行原厂配件维修。另外，弧面凸轮无法采用常规量具进行检测，给快速修复加工带来了极大的难度。能否利用逆向工程技术对弧面凸轮曲面进行三维数据采集，从而实现弧面凸轮的快速修复？

🎯 学习目标

一、知识目标

1. 了解三维扫描工件粘贴标志点的原因和基本原则。
2. 掌握三维扫描工件预处理粘贴标志点操作的步骤和方法。
3. 熟练掌握激光三维扫描仪的标定及扫描基本操作步骤。

二、能力目标

1. 能够根据弧面凸轮的实际要求，完成合理的预处理粘贴标志点操作。
2. 能够熟练地对激光三维扫描仪进行标定操作。
3. 能够熟练地操作激光三维扫描仪完成弧面凸轮三维点云数据采集。

三、素养目标

1. 培养学生发现实际问题和研究应用问题的实践能力。
2. 培养学生的组织协调能力和团队合作能力。
3. 培养学生使用计量器具的科学性与严谨性，养成精益求精的工作态度。

📋 任务书

弧面凸轮机构主要用于高速、高精度的分度与传动场合，三维扫描点云数据的质量直接关系到生成曲面的品质。根据上一学习情境完成的弧面凸轮三维扫描方案，完成弧面凸轮的三维点云数据采集并完成数据预处理，建立精确的产品坐标系，便于后续的逆向造型设计和模具设计等任务。接受任务后，借阅或上网查询相关设计资料，获取产品三维点云数据采集技术等有效信息，完成弧面凸轮三维数据采集（图 3-2-1）、数据预处理和产品坐标系建立。

👥 任务分组

学生任务分配表见表 3-2-1。

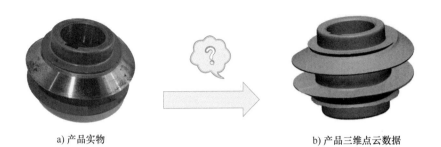

a) 产品实物　　　　　　　　　　　　　　　b) 产品三维点云数据

图 3-2-1　弧面凸轮三维数据采集

表 3-2-1　学生任务分配表

班级		组号		指导教师	
组长		学号		组长电话	
组员	姓名	学号	具体任务分工		

任务实施

引导问题 1： 三维扫描常见的工件预处理方法有哪些?

_____

_____

引导问题 2： 本任务中的弧面凸轮尺寸较大且曲面形状复杂，如果不翻转工件，则扫描仪无法一次性完成测量，需要从不同角度进行测量并进行多视数据拼接，是否需要进行粘贴标志点操作，为什么? 一般什么情况下需要粘贴标志点吗?

_____

_____

_____

引导问题 3： 如何正确粘贴标志点? 标志点粘贴技巧有哪些?

_____

_____

_____

_____

引导问题 4： 本任务中的弧面凸轮尺寸较大，标志点是否可以直接粘贴于工件表面？小组讨论应该如何在弧面凸轮上粘贴标志点？

_____

_____

_____

_____

引导问题 5： 难以粘贴标志点的小型工件应如何进行操作？

_____

_____

_____

_____

引导问题 6： 对于衣服等柔性物体，在移动后会导致物体结构发生变化，即移动后的形态与移动前的形态不同，是否可以进行三维扫描？利用粘贴标志点操作可以解决这个问题并进行三维扫描吗？

_____

_____

_____

_____

引导问题 7： 对于固态硬质不变形的物体，在扫描时，既可以移动三维扫描仪，也可以移动物体，是否可以在移动物体的同时进行三维扫描？

_____

_____

_____

_____

引导问题 8： 什么是特征拼接？利用特征拼接时还需要进行粘贴标志点操作吗？

_____

_____

_____

_____

引导问题 9： 激光三维扫描仪的操作步骤是什么？有哪些注意事项？

_____

_____

_____

_____

引导问题 10：激光三维扫描仪的单线扫描模式、平行线扫描模式和交叉线扫描模式有什么区别？分别适用于什么场合？

_____

_____

_____

引导问题 11：本任务中的弧面凸轮应该如何建立产品坐标系？按照学习情境 2-2 中所学的 6 点找正法（或 3-2-1 法）进行产品坐标系构建时，应如何在弧面凸轮上选择需要的特征？

_____

_____

_____

引导问题 12：你们小组是否完成了弧面凸轮产品坐标系的建立？如何检验建立的坐标系是否准确？

_____

_____

_____

弧面凸轮三维数据采集任务实施思路见表 3-2-2。

表 3-2-2　弧面凸轮三维数据采集任务实施思路

实施步骤	主要内容	实施简图	操作视频
1	结合前面学习情境制订的弧面凸轮三维扫描方案，对产品进行粘贴标志点操作		3-2-1　弧面凸轮粘贴标志点
2	完成激光三维扫描仪的硬件安装及调试	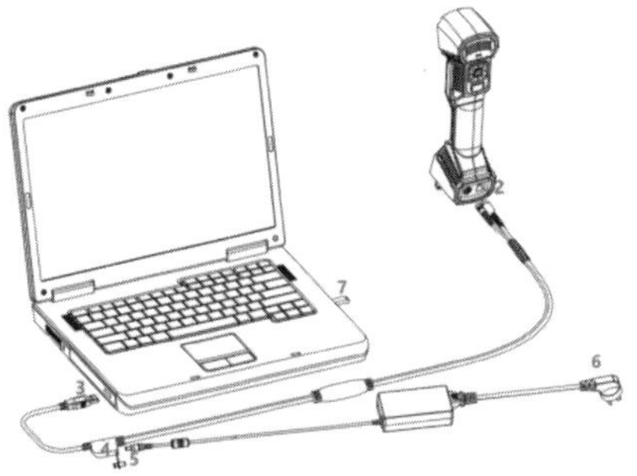	3-2-2　激光三维扫描仪硬件安装

（续）

实施步骤	主要内容	实施简图	操作视频
3	完成激光三维扫描仪的标定操作	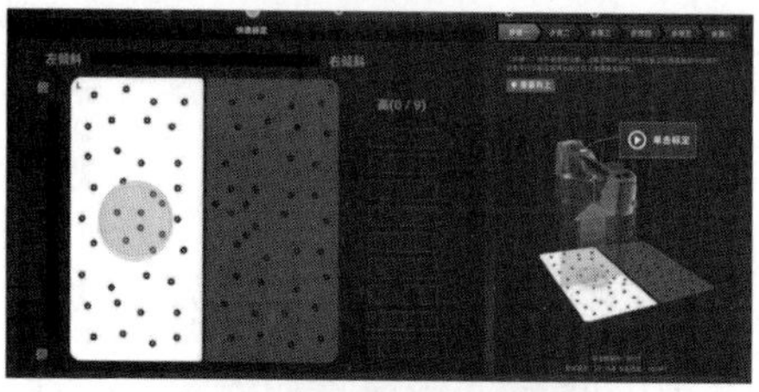	3-2-3　激光三维扫描仪标定
4	使用标定完成的激光三维扫描仪对弧面凸轮进行三维数据采集		3-2-4　弧面凸轮三维数据采集
5	将扫描完成的弧面凸轮点云数据导出，为后续的逆向曲面设计做准备		3-2-5　弧面凸轮点云数据输出

📢 评价反馈

　　首先，学生进行自评，评价自己能否完成本学习情境的学习目标，并按时完成实训报告等，检查任务有无遗漏，将结果填入表3-2-3中；然后，学生以小组为单位进行团队协作，对学习情境的实施过程与结果进行互评，将互评结果填入表3-2-4中；最后，教师对学生的工作过程与工作结果进行评价，评价内容包括工作过程相关学习目标是否达到，报告内容数据是否出自实训工作过程且真实合理，工作结果分析是否合理，是否养成良好的职业素养，项目成果报告是否表达准确，认识体会是否深刻等，并将评价结果填入表3-2-5中。

表3-2-3　学生自评表

班级		姓名		学号		组别	
学习情境3-2				弧面凸轮三维数据采集			
评价指标		评价标准				分值	得分
逆向工程工作流程		熟练掌握逆向工程的工作流程				10	
粘贴标志点基本原则		了解三维扫描工件粘贴标志点的原因和基本原则				10	

（续）

评价指标	评价标准	分值	得分
粘贴标志点方法及操作步骤	掌握三维扫描工件预处理粘贴标志点操作的步骤和方法	10	
三维扫描仪操作步骤	熟练掌握激光三维扫描仪的基本操作步骤	10	
弧面凸轮三维数据采集	熟练操作激光三维扫描仪完成弧面凸轮三维点云数据采集	10	
弧面凸轮点云预处理	完成弧面凸轮点云预处理和产品坐标系的建立	10	
工作态度	态度端正，没有无故缺勤、迟到、早退现象	10	
工作质量	能按计划完成工作任务	10	
协调能力	能与小组成员、同学合作交流，协调工作	5	
职业素质	能做到安全生产、文明施工、爱护公共设施	10	
创新意识	通过学习逆向工程技术的应用，理解创新的重要性	5	
合计		100	

有益的经验和做法	
总结、反思和建议	

表 3-2-4　小组互评表

班级		组别		日期						
评价指标	评价标准		分值	评价对象（组别）得分						
				1	2	3	4	5	6	
信息检索	该组能否有效利用网络资源、工作手册查找有效信息		5							
	该组能否用自己的语言有条理地解释、表述所学知识		5							
	该组能否将查到的信息有效地运用到工作中		5							
感知工作	该组是否熟悉各自的工作岗位，认同学习情境的工作价值		5							
	该组成员在工作中是否获得了满足感		5							
参与状态	该组与教师、同学之间是否相互尊重和理解		5							
	该组与教师、同学之间是否能够保持多向、丰富、适宜的信息交流		5							
	该组能否处理好合作学习和独立思考的关系，做到有效学习		5							
	该组能否提出有意义的问题或发表个人见解，能否按要求正确操作		5							
	该组成员是否能够倾听、协作分享		5							
学习方法	该组制订的工作计划、操作技能是否符合规范要求		5							
	该组是否获得了进一步发展的能力		5							
工作过程	该组是否遵守管理规程，操作过程是否符合现场管理要求		5							
	该组平时上课的出勤情况和每天完成工作任务情况		5							
	该组是否善于多角度思考问题，能否主动发现、提出有价值的问题		15							

（续）

评价指标	评价标准	分值	评价对象（组别）得分					
			1	2	3	4	5	6
思维状态	该组是否能发现问题、提出问题、分析问题、解决问题、有创新思维	5						
自评反馈	该组是否能按时按质完成工作任务，并进行成果展示，是否较好地掌握了专业知识点	5						
	该组是否能严肃认真地对待自评，并能独立完成自评表格	5						
小组互评分数		100						

表 3-2-5　教师综合评价表

班级		姓名		学号		组别	
学习情境 3-2			弧面凸轮三维数据采集				

评价指标		评价标准	分值	得分
线上学习（20%）	视频学习	完成课前预习知识视频学习	10	
	作业提交	在线开放课程平台预习作业提交	10	
工作过程（30%）	逆向工程工作流程	熟练掌握逆向工程的工作流程	5	
	粘贴标志点基本原则	了解三维扫描工件粘贴标志点的原因和基本原则	5	
	粘贴标志点方法及操作步骤	掌握三维扫描工件预处理粘贴标志点操作的步骤和方法	5	
	三维扫描仪操作步骤	熟练掌握激光三维扫描仪的基本操作步骤	5	
	弧面凸轮三维数据采集	熟练操作激光三维扫描仪完成弧面凸轮三维点云数据采集	5	
	弧面凸轮点云预处理	完成弧面凸轮点云预处理和产品坐标系的建立	5	
职业素养（20%）	工作态度	学习态度端正，没有无故迟到、早退、旷课现象	4	
	协调能力	能与小组成员、同学合作交流，协调工作	4	
	职业素质	能做到安全生产、文明操作、爱护公共设施	4	
	创新意识	能主动发现、提出有价值的问题，完成创新设计	4	
	6S 管理	操作过程规范、合理，及时清理场地，恢复设备	4	
项目成果（30%）	工作完整	能按时完成任务	10	
	任务方案	能按时完成弧面凸轮点云数据采集和预处理	10	
	成果展示	能准确地表达、汇报工作成果	10	
合计			100	
综合评价	自评（20%）	小组互评（30%）	教师评价（50%）	综合得分

拓展视野

北斗导航系统至少需要多少颗卫星才能准确定位

北斗卫星导航系统（BeiDou Navigation Satellite System，BDS）是我国自行研制的全球卫星导航系统，也是继全球定位系统（GPS）、格洛纳斯（GLONASS）之后的第三个成熟的卫星导航系统（图 3-2-2）。北斗卫星导航系统（BDS）和美国的 GPS、俄罗斯的 GLONASS、欧盟的伽利略（Galileo）卫星导航系统，是联合国全球卫星导航系统国际委员会认定的供应商。

北斗卫星导航系统由空间段、地面段和用户段三部分组成，可在全球范围内全天候、全天时为各类用户提供高精度、高可靠的定位、导航、授时服务，并且具备短报文通信能力，已经初步具备区域导航、定位和授时能力，定位精度为分米、厘米级别，测速精度 0.2m/s，授时精度为 10ns。

自 1994 年北斗一号系统工程立项至今，我国用 26 年的时间实现了 59 颗北斗卫星（包括 55 颗北斗导航卫星和 4 颗北斗导航试验卫星）的发射。2020 年 6 月 23 日，北斗三号最后一颗全球组网卫星在西昌卫星发射中心点火升空，随着该卫星进入预定工作轨道，标志着北斗三号全球卫星导航系统星座部署全面完成，至此全球范围内已经有 137 个国家与北斗卫星导航系统签下了合作协议。随着全球组网的成功，北斗卫星导航系统未来的国际应用空间将会不断扩展。

图 3-2-2　北斗卫星导航系统

要实现全球定位，至少需要 24 颗人造卫星，这些卫星无时无刻都围绕着地球旋转。实际上，为了提高精确度和可靠性，无论是北斗卫星导航系统，还是 GPS、格洛纳斯、伽利略导航系统都有超过 24 颗卫星。

那么，接收器需要同时接收多少颗卫星的信息才能计算出自身的定位信息呢？最少 3 颗卫星就可以对一个用户进行实时定位，我国北斗卫星导航系统使用了 4 颗卫星进行定位，除了 3 颗三星定位原理的卫星，第 4 颗卫星主要用于解决卫星之间的时差问题，如图 3-2-3 所示。因此，至少需要 4 颗卫星才能计算出接收器的坐标位置。

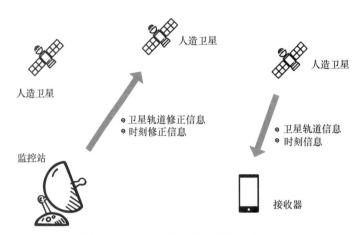

图 3-2-3　北斗卫星导航系统的定位原理

随着北斗卫星导航系统建设和服务能力的发展，相关产品已广泛应用于交通运输、海洋渔业、水文监测、气象预报、测绘地理信息、森林防火、通信时统、电力调度、救灾减灾、应急搜救等领域，逐步渗透到人类社会生产和生活的方方面面，为全球经济和社会发展注入新的活力。北斗卫星导航系统的应用如图 3-2-4 和图 3-2-5 所示。

图 3-2-4　北斗导航农机自动驾驶系统

图 3-2-5　北斗导航农业无人机产品

学习情境相关知识点

知识点 1：三维扫描常见的工件预处理

在扫描工作开始前，通常需要对被扫描样件进行评估，以便开展扫描前的准备工作。在三维扫描前的工件准备阶段，最常见的工件预处理是喷粉和粘贴标志点，这看似简单，但操作不当将直接影响扫描结果。根据工件和扫描仪光源的不同，有的工件不需要进行预处理，有的工件只需要喷粉，有的工件只需要粘贴标志点，有的工件则是既要喷粉又需要粘贴标志点才能完成扫描，有的工件还需要使用适合的夹具配合扫描。

1. 喷粉

根据光学扫描仪的原理，扫描设备可以接收到被测物体的反射光线是获取三维数据的必要因素。因此，遇到暗黑色、高反光、透光的材质，扫描前需要使用显像剂。显像剂的作用是在被扫描物体表面附着一层白色的粉末，从而改变暗黑色、高反光和透光材质的表面属性，以便利于光学扫描仪获取高质量的数据（详见学习情境 2-1）。

2. 粘贴标志点

采集复杂曲面的表面数据时，由于测量设备会受到测量范围的限制，对于尺寸较大或者曲面形状复杂的工件，无法一次定位完成测量，需要用不同设备或从不同角度进行测量，产生不同坐标系下的多视点云。因此，需要在工件表面或者工作台上粘贴标志点，把不同设备和不同视角的测量数据统一到同一坐标系下，从而实现多视数据的拼合。

标志点的工作原理：通过至少 3 个或 4 个（根据设备不同）标志点，形成一个唯一的空间特征。当采集到的空间特征在之前出现过时，软件就可以确定当前数据与之前数据间的相对位置关系，辅助拼接。

以下情况需要粘贴标志点：

1）无法使用特征拼接的物体：外形简单的物体；外形虽然复杂，但具有重复性的特征的物体。

2）有较高精度要求的物体。

3）由于扫描模式或其他原因，没有特征拼接功能的设备。

3-2-6　标志点的粘贴及使用

知识点 2：三维扫描预处理技巧——粘贴标志点

在三维扫描的工件预处理中，粘贴标志点操作看似简单，但操作不当将直接影响扫描结果。如何正确粘贴标志点？遇到难以粘贴标志点的小型工件时应如何操作？在实际工作中，根据工件的特征，主要分为两种情况：一种情况是可以直接将标志点粘贴在工件表面；另一种情况是无法直接粘贴标志点，需要"借助"贴点。

1. 标志点可直接粘贴于工件表面

大部分工件可以直接粘贴标志点，扫描过程中标志点相对于工件位置不变，扫描仪和工件可以相对移动，以保证拼接精度。在这种情况下，粘贴标志点只要遵循粘贴规范即可。

2. 标志点无法直接粘贴，需要"借助"贴点

遇到一些尺寸比较小或结构特征比较复杂的工件时，无法直接在模型上粘贴标志点，需要借助背景或一些夹具来粘贴标志点，实现拼接扫描的目的。

1）在转盘上粘贴标志点（图 3-2-6）。将工件固定在转盘上，在转盘上的粘贴标志点技巧参考标志点的粘贴及使用二维码内容。操作难点在于：因为标志点粘贴在转盘上而不是直接粘贴在工件上，需要很好地固定工件，如果在转动过程中模型相对于标志点的位置发生移动，会导致扫描数据错位、精度不准的情况，但在扫描软件中拼接精度显示正常，因而不易发现。

2）对于尺寸小、结构复杂，且放在转台上无法完全扫描的工件，需要制作夹具将工件固定好，并在夹具上粘贴标志点后扫描

图 3-2-6　在转盘上粘贴标志点

（在夹具上的粘贴标志点技巧参考二维码内容）。例如，扫描图 3-2-7 所示的长度为 8mm 的齿轮，将齿轮固定在圆柱上，通过转动圆柱，依靠圆柱上的标志点实现拼接扫描。难点在于夹具与模型的固定，扫描过程中不能出现相对位移，如果固定得不牢，就会造成扫描数据精度不准，对检测造成影响。部分简易夹具如图 3-2-8 所示。

3-2-7　小尺寸工件扫描案例

3-2-8　精细特征扫描案例

3-2-9　壁厚 1mm 叶轮扫描案例

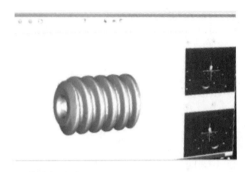

图 3-2-7　在夹具上粘贴标志点

图 3-2-8　部分简易夹具

知识点 3：标志点粘贴技巧

在三维扫描中，通常需要在被测物上喷粉和粘贴标志点，目的是让扫描数据质量更高。粘贴标志点技巧的掌握很重要，操作不当会直接影响数据采集结果。粘贴标志点时需要注意以下事项：

1）根据当前标定范围选择合适大小的标志点。合适的标志点有助于软件识别、保证精度，标志点太大或太小会影响软件识别，从而影响扫描精度。

根据被测工件的测量尺寸，推荐的标志点大小见表 3-2-6。

表 3-2-6　不同测量尺寸的推荐标志点大小　　　　　　　　　　　　　　（单位：mm）

测量范围	参考点直径
200 × 150	3
400 × 300	5
800 × 600	10
1200 × 900	15
1600 × 1200	20
2000 × 1500	18

标志点用于多视扫描自动拼接，根据测量需求，标志点可以制作成白底黑点、黑底白点、中心带十字线或小圆点等（图3-2-9），通常使用较多、效果较佳的是黑底白点的标志点。

图 3-2-9　常见的标志点样式

2）标志点应随机、无序、均匀地粘贴在模型表面（图3-2-10），避免粘贴成线性、阵列的形式。粘贴得太规则，会造成标志点识别错乱，出现扫描错位的情况，如图3-2-11所示。

3）标记点粘贴距离应适中，需要保证一定的密度，每个测量幅面内应至少可识别三个标志点。一般情况下，标志点的数量对精度没有影响，也不会提高扫描点云数据的识别率，所以粘贴的标志点不宜过多，满足扫描需求即可。

图 3-2-10　正确示范 1：标志点粘贴得随机、均匀、无序

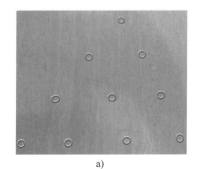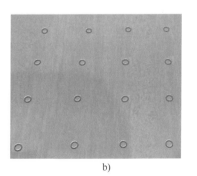

a)　　　　　　　　　　　　　　　b)

图 3-2-11　错误示范 1：标志点粘贴得太规则

4）在被测物体表面粘贴标志点时，应注意避开物体的特征，粘贴在被测物体没有特征的部位，如大平面、大曲面等（图 3-2-12），粘贴在边缘会造成标志点不完整而影响识别。

5）标志点应保持干净、完整，标志点破损或有遮挡会造成标志点圆形不完整而影响识别（图 3-2-13）。

6）对于窄边或者小圆柱等，粘贴密度应大一些。

图 3-2-12　正确示范 2：标志点应粘贴在平面处　　　　图 3-2-13　错误示范 2：标志点粘贴在边缘导致标志点不完整

知识点 4：刚性物体和柔性物体的扫描

3-2-10　刚性物体的扫描

刚性物体（如铸铁）整体移动时不会发生形变，此时是可以正常扫描的，如铸铁。所以对于固态硬质不变形的物体，在扫描时，既可以移动三维扫描仪，也可以移动物体，以提高扫描效率为重。

柔性物体（如衣服）在移动后会导致物体结构发生形变，即移动后的形态与移动前的形态发生了变化，此时不能进行三维扫描。所以针对柔性物体，只能选择一个最优姿态，然后保持物体静止不动，单一移动扫描仪来完成全角度的扫描。

3-2-11　柔性物体的扫描

在扫描真人人体时，由于人体会轻微运动，且扫描有一个延续的时间，所以要求被扫描人员在扫描时保持相对静止（允许轻微晃动，但是不能扭动或改变肢体形态）。部分扫描仪会针对人体扫描的特点设置人体扫描模式，加入人像扫描专属算法（非刚体算法＋头发增强算法），着重解决人像扫描晃动错层、头发数据获取难等问题，这样可以极大地提高人像数据采集的效率和质量。

知识点 5：激光三维扫描仪的操作步骤

1）按照设备说明书进行设备硬件连接和扫描软件的安装。

2）按照图 3-2-14 所示流程进行操作。

3）标定。标定是指对设备进行校准，标定后将重新计算设备参数，既能确保设备的精度，又能提升设备的扫描质量。

标定时，需要考虑三个维度要求，分别为左右倾斜、俯仰和高度。当满足高度要求时，蓝色框将显示为绿色；当满足左右倾斜和俯仰要求时，条形框中的滑块重合并显示为绿色。

首次使用设备时，需要先进行标定。运行软件后，将直接进入标定界面（图 3-2-15），或者在导航条上选择"标定"，切换到标定界面，参照软件右侧标定向导步骤和示意图进行标定。

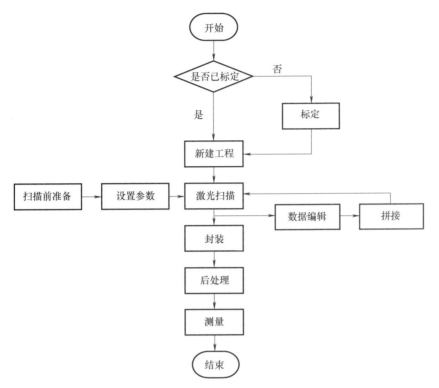

图 3-2-14 激光三维扫描仪的操作流程

第 1 步：将标定板水平放置好。

第 2 步：根据高度指示框，调整好扫描仪与标定板之间的距离。

第 3 步：将设备手柄中心点与标定板上灰色圆圈的中心点对齐。

第 4 步：扫描仪摆放方位和图示的方位一致。

第 5 步：按下扫描仪上的"扫描"按键，开始采集。

第 6 步：设备从低处沿着中轴线向上缓慢移动。

第 7 步：直到高度框均显示为绿色，完成标定。

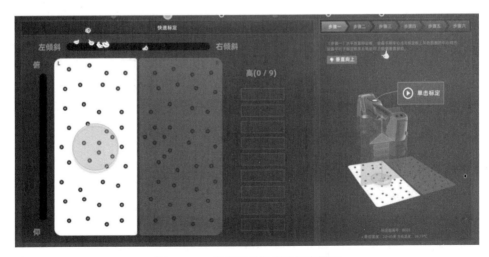

图 3-2-15 激光三维扫描仪标定界面

4）扫描物体前，新建工程为扫描模型数据提供指定的保存路径，方便对已获取的扫描数据进行处理。

5）进入分辨率设置窗口，可直接单击"高细节""中细节"或"低细节"，选择默认分辨率；或者拖动滑动条设置分辨率，如图 3-2-16 所示。

分辨率越高，扫描的精细度越高。以较低分辨率扫描的模型容易失真；以高分辨率扫描的模型，则占用存储空间大，且扫描时间长。当扫描模型体积较小、精细度要求高时，如邮票，可以选择高分辨率；一般模型体积较大，精细度要求不高的，如汽车门，可选择低分辨率。

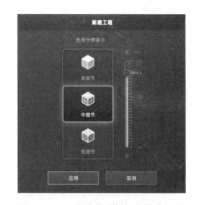

图 3-2-16　激光扫描仪分辨率设置

6）激光扫描。设置完成后就可以进行三维扫描，激光扫描可以快速、精确地获取被扫描物体的三维数据。激光扫描具有非接触测量、数据采样率高、主动发射扫描光源、对使用条件要求不高、环境适应能力强的特点。可以深入复杂的现场环境及空间中进行扫描操作，并直接将各种大型、复杂实体的三维数据完整地采集到计算机中，进而快速重构出目标的三维模型及点、线、面、体等各种几何数据，并且以点云的形式获取物体表面阵列式几何图形的三维数据，便于后续以多种形式处理工作。首次扫描时可参照图 3-2-17 所示流程进行操作。

3-2-12　双目扫描仪须知

3-2-13　手持扫描距离须知 1

3-2-14　手持扫描距离须知 2

3-2-15　弧面凸轮扫描数据

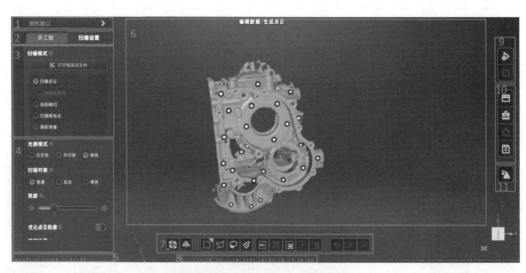

图 3-2-17　激光扫描仪扫描软件界面

知识点 6：激光三维扫描仪的三种扫描模式

激光三维扫描仪支持三种扫描模式：交叉线、平行线和单线模式，包括 26 条交叉激光线、5 条平行激光线、1 条蓝色激光线，共 32 条激光线，如图 3-2-18 所示。实时扫描过程中，通过长按设备手柄上的扫描键，可顺序循环切换交叉线扫描模式、平行线扫描模式、单线扫描模式。

1. 交叉线模式

交叉线模式共有 26 条交叉激光线，在扫描过程中，确保扫描仪正对物体，保持合适的距离，并根据物体和环境光调整亮度，可以快速扫描全局三维数据，如图 3-2-19 所示。

2. 平行线模式

平行线模式有 5 条平行激光线，主要用于局部精细扫描细节。

用户选择点云方式扫描物体后，若某个区域数据获取不全，可以切换到局部精扫模式，光源模式将自动切换为 5 条平行激光线，针对该区域进行重新扫描（图 3-2-20）；或者导入数据文件，发现部分数据缺失，也可以选择该模式进行扫描，查看扫描的物体数据，确定需要重新扫描

图 3-2-18　激光三维扫描仪的
三种扫描模式

的区域。有针对性地进行扫描，可以节约扫描时间，使扫描获取的数据更完整、理想。

图 3-2-19　交叉线模式

图 3-2-20　平行线模式

3. 单线模式

单线模式下只有 1 条单线激光线，单线即只有一个激光发射器和接收器，扫描到模型上的是一条线，一般用于扫描边角、平面上的某个点或者获取深孔数据，单线弧式下能扫描的孔深度可以达到孔径的 3 倍左右，如图 3-2-21 所示。

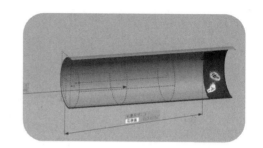

图 3-2-21　单线模式

学习情境 3-3　弧面凸轮逆向设计

📋 学习情境描述

　　前期已经完成了弧面凸轮产品的曲面三维数据采集、三维点云数据预处理，建立了精确的产品坐标系。弧面凸轮机构主要用于高速、高精度的分度与传动场合，动力学性能的好坏是弧面凸轮设计与制造质量的主要评价指标之一，弧面凸轮的逆向造型曲面质量直接决定其设计与制造质量，进而影响弧面凸轮的动力学性能。本案例中弧面凸轮的外表面为自由曲面，内表面特征主要是圆孔和键槽孔，如何利用逆向设计软件完成弧面凸轮的逆向曲面造型设计，进而保证修复完成的弧面凸轮具有良好的动力学性能？

🎯 学习目标

一、知识目标

1. 熟悉机械零件逆向建模的基本设计流程。
2. 了解零部件的定位基准和特征构建方法。
3. 熟练掌握逆向造型软件 Geomagic Design X 专用点云展开和缠绕命令。

二、能力目标

1. 能够独立分析并制订弧面凸轮逆向曲面的设计思路。
2. 能够理解逆向设计过程中的主要矛盾——建模精度和曲面质量之间的关系。
3. 能够熟练操作 Geomagic Design X 软件完成弧面凸轮的逆向设计。

三、素养目标

1. 培养学生独立分析和解决实际问题的实践能力。
2. 培养学生养成敬业的工作态度和较强的产品质量、产品精度控制意识。
3. 培养学生养成精益求精的工作态度，进一步强化学生的工匠精神。

任务书

弧面凸轮逆向造型的曲面质量直接决定了其设计与制造质量，进而影响其分度和传动精度，通过对弧面凸轮啮合传动过程中的摩擦、磨损与润滑状态进行分析，改进弧面凸轮机构的设计参数。根据前期学习情境完成的弧面凸轮曲面三维点云数据，完成弧面凸轮的逆向曲面造型设计，要求曲面光顺，整体精度为0.04mm，保证修复完成的弧面凸轮具有良好的动力学性能。接受任务后，借阅或上网查询相关设计资料，合理选择常用的逆向造型设计软件和命令，完成弧面凸轮的逆向设计（图 3-3-1）。

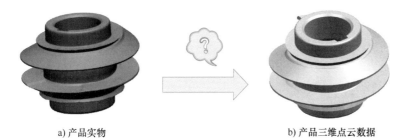

a) 产品实物　　　　　　　　　　　　　b) 产品三维点云数据

图 3-3-1　弧面凸轮逆向设计

任务分组

学生任务分配表见表 3-3-1。

表 3-3-1　学生任务分配表

班级			组号		指导教师	
组长			学号		组长电话	
组员	姓名	学号		具体任务分工		

任务实施

引导问题 1：根据弧面凸轮零件的具体使用情况，分析该零件的定位基准，包括关键孔位、关键线、关键面等分别是什么？

_____

_____

_____

引导问题 2：在逆向设计中，应该认真分析点云和工件，切忌把样件的制造缺陷和偏差带入逆向设计工件中。本任务的弧面凸轮是否有制造缺陷或者由磨损引起的缺陷？

_____

_____

_____

引导问题 3：认真分析本任务中的弧面凸轮并对其特征进行分级，哪些特征是基准面、功能面？哪些特征是过渡面、工艺面？

_____

_____

_____

_____

引导问题 4：认真分析本任务中的弧面凸轮，比较容易识别的几何特征有哪些？利用常规测量工具进行测量，并与三维扫描的数据进行对比，将结果填入表 3-3-2。

表 3-3-2 弧面凸轮的主要几何特征

序号	名称	测量工具	测量值
1			
2			
3			
4			
5			
6			
7			
8			

引导问题 5：简要阐述机械零件逆向建模的基本设计流程。

_____

_____

_____

引导问题 6：一般通过手工测量和三维扫描得到的关键尺寸都不是整数，在逆向设计时圆整原则和方法有哪些？在弧面凸轮上选取尺寸进行说明。

_____

_____

_____

引导问题 7：误差分析的要求有哪些？小组讨论分析每个成员逆向设计完成的弧面凸轮的误差情况。

_____

_____

_____

弧面凸轮逆向设计任务实施思路见表 3-3-3。

表 3-3-3　弧面凸轮逆向设计任务实施思路

实施步骤	主要内容	实施简图	操作视频
1	导入扫描得到的 ASC 格式的点云数据，并进行数据预处理，在弧面凸轮扫描数据上分割特征领域，利用特征信息将它与设计坐标系对齐，从而建立产品坐标系	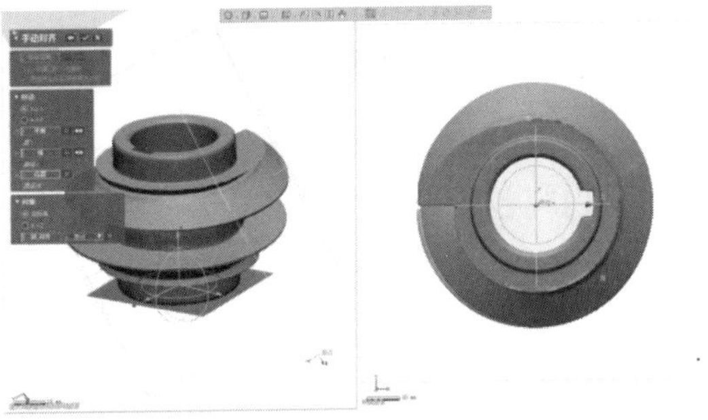	3-3-1　弧面凸轮坐标系构建
2	使用 Geomagic Design X 软件的"展开/缠绕扫描"命令将弧面凸轮点云数据展开，从而提取原始设计意图，方便凸轮曲线的绘制	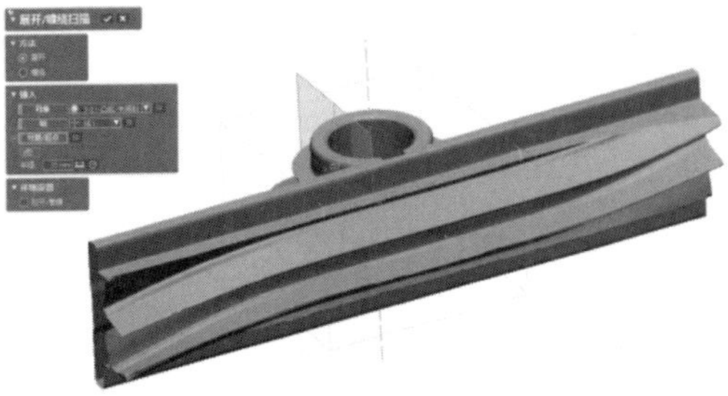	3-3-2　弧面凸轮点云数据展开
3	使用 Geomagic Design X 软件 3D 草图中的"展开/缠绕曲线"命令，将弧面凸轮曲线缠绕回原始数据，结合扫掠、切割等命令完成弧面凸轮的逆向设计		3-3-3　弧面凸轮逆向设计

（续）

实施步骤	主要内容	实施简图	操作视频
4	检查建模结果质量		3-3-4 弧面凸轮曲面质量检查
5	将建模完成的弧面凸轮实体数据导出，为后续的产品数控加工准备模型数据		3-3-5 弧面凸轮数据导出

评价反馈

　　首先，学生进行自评，评价自己能否完成本学习情境的学习目标，并按时完成实训报告等，检查任务有无遗漏，将结果填入表 3-3-4 中；然后，学生以小组为单位进行团队协作，对学习情境的实施过程与结果进行互评，将互评结果填入表 3-3-5 中；最后，教师对学生的工作过程与工作结果进行评价，评价内容包括工作过程相关学习目标是否达到，报告内容数据是否出自实训工作过程且真实合理，工作结果分析是否合理，是否养成良好的职业素养，项目成果报告是否表达准确，认识体会是否深刻等，并将评价结果填入表 3-3-6 中。

表 3-3-4　学生自评表

班级		姓名		学号		组别	
学习情境 3-3		弧面凸轮逆向设计					
评价指标		评价标准				分值	得分
机械零件逆向建模流程		熟悉机械零件逆向建模的基本设计流程				10	
零部件的定位基准		能够根据零部件的具体情况，分析其定位基准（关键孔位、关键线、关键面）				10	
工件特征拟合方法		熟练掌握工件的特征分级及特征拟合方法				10	
逆向建模误差分析		掌握机械零件逆向建模的误差分析及检查方法				10	
弧面凸轮逆向设计		完成弧面凸轮的逆向曲面造型设计				10	
弧面凸轮创新设计		熟练操作逆向造型软件 Geomagic Design X 完成弧面凸轮的逆向设计				10	
工作态度		态度端正，没有无故缺勤、迟到、早退现象				10	

（续）

评价指标	评价标准	分值	得分
工作质量	能按计划完成工作任务	10	
协调能力	能与小组成员、同学合作交流，协调工作	5	
职业素质	能做到安全生产、文明施工、爱护公共设施	10	
创新意识	通过学习逆向工程技术的应用，理解创新的重要性	5	
合计		100	

有益的经验和做法	
总结、反思和建议	

表 3-3-5　小组互评表

班级		组别		日期					
评价指标	评价标准	分值	评价对象（组别）得分					
			1	2	3	4	5	6
信息检索	该组能否有效利用网络资源、工作手册查找有效信息	5						
	该组能否用自己的语言有条理地解释、表述所学知识	5						
	该组能否将查到的信息有效地运用到工作中	5						
感知工作	该组是否熟悉各自的工作岗位，认同学习情境的工作价值	5						
	该组成员在工作中是否获得了满足感	5						
参与状态	该组与教师、同学之间是否相互尊重和理解	5						
	该组与教师、同学之间是否能够保持多向、丰富、适宜的信息交流	5						
	该组能否处理好合作学习和独立思考的关系，做到有效学习	5						
	该组能否提出有意义的问题或发表个人见解，能否按要求正确操作	5						
	该组成员是否能够倾听、协作分享	5						
学习方法	该组制订的工作计划、操作技能是否符合规范要求	5						
	该组是否获得了进一步发展的能力	5						
工作过程	该组是否遵守管理规程，操作过程是否符合现场管理要求	5						
	该组平时上课的出勤情况和每天完成工作任务情况	5						
	该组是否善于多角度思考问题，能否主动发现、提出有价值的问题	15						
思维状态	该组是否能发现问题、提出问题、分析问题、解决问题、有创新思维	5						
自评反馈	该组是否能按时按质完成工作任务，并进行成果展示，是否较好地掌握了专业知识点	5						
	该组是否能严肃认真地对待自评，并能独立完成自评表格	5						
小组互评分数		100						

表 3-3-6　教师综合评价表

班级		姓名		学号		组别	
学习情境 3-3			弧面凸轮逆向设计				
评价指标		评价标准				分值	得分
线上学习（20%）	视频学习	完成课前预习知识视频学习				10	
	作业提交	在线开放课程平台预习作业提交				10	
工作过程（30%）	机械零件逆向建模	熟悉机械零件逆向建模的基本设计流程				5	
	零部件的定位基准	能够根据零部件的具体情况，分析其定位基准（关键孔位、关键线、关键面）				5	
	工件特征拟合方法	熟练掌握工件的特征分级及特征拟合方法				5	
	逆向建模误差分析	掌握机械零件逆向建模的误差分析及检查方法				5	
	弧面凸轮逆向设计	完成弧面凸轮的逆向曲面造型设计				5	
	弧面凸轮创新设计	熟练操作逆向造型软件 Geomagic Design X 完成弧面凸轮的逆向设计				5	
职业素养（20%）	工作态度	学习态度端正，没有无故迟到、早退、旷课现象				4	
	协调能力	能与小组成员、同学合作交流，协调工作				4	
	职业素质	能做到安全生产、文明操作、爱护公共设施				4	
	创新意识	能主动发现、提出有价值的问题，完成创新设计				4	
	6S 管理	操作过程规范、合理，清理场地，恢复设备				4	
项目成果（30%）	工作完整	能按时完成任务				10	
	任务方案	能按时完成弧面凸轮的逆向曲面造型设计				10	
	成果展示	能准确地表达、汇报工作成果				10	
合计						100	
综合评价	自评（20%）		小组互评（30%）		教师评价（50%）	综合得分	

拓展视野

一枚薯片背后藏着的美妙的二次曲面

说起薯片，大家肯定都吃过，但你可能不知道薯片背后还藏着数学、物理、哲学的奥秘。

网上曾经掀起过"薯片之争"：比一比谁更不容易碎。同是薄薄的薯片能分出输赢吗？为什么有的薯片不容易碎？关键在于神奇的结构，谁能想到小小的薯片竟是用超级计算能力设计而成的？

薯片的形状在数学中称为双曲抛物面，因为形状很像马鞍，所以也称马鞍面，每个马鞍面上都有两条抛物线（一红一白）用来理解双曲抛物面（马鞍面），如图 3-3-2 所示，马鞍面不仅能承受拉力，也能承受挤压力，在压力、拉力间形成巧妙的平衡，所以即使薯片厚度再薄，也异常稳固，甚至还能不借助任何胶水稳稳地搭出一个圆环。

小小的薯片中，渗透了万古不变的几何学。这一切无形的东西，构成了我们眼前所见的世界，很多时候，我们却无从察觉。其实生活中每一个物件的背后，不论是手中小小的薯片，还是远在天边的房屋，都包含着它自己的逻辑和人类的智慧。

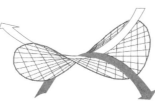

图 3-3-2　薯片曲面

不只是薯片用到马鞍面，建筑上也用到了这种曲面。2012 年伦敦奥运会室内自行车馆（图 3-3-3），当年在 100 项设计方案里胜出，使用的就是这种马鞍面结构，竟然节省了整整一半的材料，只用了 1092t 钢材，建造时间也缩短了一半，在减少材料、节省成本的同时，还降低了碳排放。

图 3-3-3　2012 年伦敦奥运会室内自行车馆

学习情境相关知识点

知识点 1：机械零件逆向建模的基本设计流程

1. 分析零部件定位基准并建立工件坐标系

根据零部件的具体情况，分析其定位基准（关键孔位、关键线、关键面）。

采用 3-2-1 法建立工件坐标系，主要通过以下方法在零部件上找出定位基准元素（定位点、定位线、定位面）。

定位点：单个点、圆心、球心、直线中点等。

定位线：直线、圆柱中心线、圆锥中心线、平面法线等。

定位面：平面、基准平面、法平面等。

2. 工件特征分级

一般工件特征共分 A、B、C 三级；应认真分析点云和样件，切忌把样件的制造缺陷和偏差带入逆向设计零件中。

A级为配合面、安装基准面、功能面、定位孔、特征线等尺寸精度要求较高的点、线、面，尺寸误差要求小于 0.04mm；B级为结构面、过渡面、工艺面、过渡线等尺寸精度要求一般的点、线、面，尺寸误差要求小于 0.1mm；C级为过孔、工艺孔、加强筋边界等尺寸精度要求不高的点、线、面，尺寸误差要求小于 0.2mm。

3. 工件特征拟合

（1）几何特征拟合　几何特征拟合比较容易，直接拟合成直线、平面、圆柱、圆锥、球等。特征面、特征线是逆向设计时的关键元素，它们的判别相对比较直接，容易看出来。

（2）自由特征拟合　自由特征拟合比较困难，一般需要采用传统的制作方法：由点到线再到面的成型形式。所以，自由特征拟合的关键是建立关键点、关键线、关键面。只有在点、线上下功夫，自由特征才能做得好。根据零件的功能特性和实际情况，认真对待点云数据，用三角化显示功能体现其特征，尽量根据功能保证偏差来加以制作。

4. 数字模型保存

最终的数字模型不必带有参数保存（除有特殊要求外），但数字模型制作者应保存一份带有参数的原始模型，以便后期修改。

知识点 2：机械零件逆向建模的误差分析及检查

1. 误差分析

（1）最大误差要求　有些逆向零部件有最大误差要求，只要最大误差不超过要求误差，逆向零部件即为合格。

（2）平均误差要求　有些逆向零部件只有平均误差要求的，那么，只要平均误差在要求的误差范围内，逆向零部件即为合格。

（3）最小误差要求　有些逆向零部件只有最小误差要求的，那么，只要最小误差在要求的误差范围内，逆向零部件即为合格。

若误差不在要求的范围内，先需要确定哪些地方存在误差，然后有针对性地进行分析及修正，直至合格为止。

2. 关键尺寸圆整

（1）精度要求　要圆整尺寸，必须知道设计精度。若设计精度为 0.01mm，那么圆整尺寸精度也应达到 0.01mm。

（2）功能孔位及基准孔位圆整　这类孔位及相对位置的圆整比较有规律，它们的尺寸一般是整数，并且符合设计规范，是有章可循的。

（3）定位尺寸圆整　此类尺寸一般为整数，制作时可根据情况加以考虑。

3. 总体检查

（1）偏差检查　检查逆向建模好的数字模型与点云的偏差值是否符合要求。

（2）特征检查　检查特征是否丢失、特征偏差是否符合要求。

（3）孔位检查　检查孔位之间的尺寸要求及圆整情况。

（4）角度检查　检查拔模角及工艺圆角等。

知识点 3：机械零件逆向建模过程中的注意事项

1）设计总成产品时，必须考虑零件之间的相互搭配，找出基准零件，一般基准零件为总成中较大或较主要的零件，其他零件以此件为基准建立数字模型。例如，汽车主减速器总成的基准零件为减速器壳，前制动器总成的基准零件为转向节，轮毂单元的基准零件为轴承座。

2）建立数字模型时应尽量选取较大的加工面、配合面、轴承位或较关键的部位作为建模基准，单个零件尽量在产品坐标系下构建模型，如图 3-3-4 所示。

3）在进行逆向设计时，要领会原设计者的意图，不能完全依赖点云。要基于正向设计思路判断哪些地方是自由曲面，哪些地方是圆弧面、圆锥面、回转面、平面等，如图 3-3-5 所示。

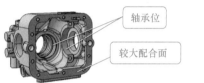

图 3-3-4 后主减速器壳建模基准

图 3-3-5 后主减速器壳特征

4）在进行逆向设计时，铸件和锻件的特征一般由直线、圆、圆弧、平面、圆弧面、圆锥面等规则特征构成，因此对于铸件和锻件，除了配合面或拟合误差比较大的情况，一般要用上述规则几何特征去拟合，尽量不用自由曲线或自由曲面，如图 3-3-6 所示。

5）充分考虑测量零件的变形。零件在使用过程中会发生扭曲变形、损坏等现象，这与原设计状态差别很大。因此，拟合零件时要注意避开这些瑕疵点。

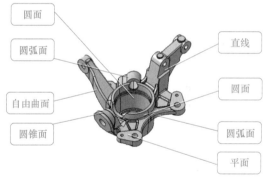

图 3-3-6 转向节的主要特征

6）注意拟合方法。在进行逆向设计时，并不是简单地进行产品仿制，而是在充分掌握正向设计思想的前提下进行。铸件和锻件的结构比较复杂，是由很多基本特征和具体特征构成的。例如，减速器壳体上的回转腔体、转向节的节臂等是零件的基本特征，而基本特征上镶嵌的许多安装孔位、加强筋则是具体特征。因此，在进行复杂件的拟合时，应先进行基本特征拟合，然后把具体特征叠加上去，即复杂结构简单化设计方法。

7）充分考虑零件的制作工艺，如铸件的拔模斜度，锻件的脱模方向、拔模斜度，不能使零件的单个特征出现拔模轴线不一致，分别有各自脱模方向的情况。在用点云拟合零件的特征时，由于不可避免的测量误差、被测零件的变形、拟合误差等原因，很可能出现上述现象。因此，应事先找出零件的脱模方向，然后以这一方向为基准拟合零件的特征，可避免出现拔模负角。

8）建模时要充分遵循传统的设计原则，以有利于二维图的表达。例如，相同功用的孔位应统一考虑，孔位距离是否一致或圆整，孔位的圆心是否在一条直线上，孔的大小是否一致等。

9）考虑铸件和锻件的工艺特征，如工艺孔、工艺圆角、工艺加工面等。

10）考虑零件与零件配合的问题：零件与零件的配合面间隙、圆角空隙、配合空腔、回转半径、配合加工等。

知识点 4：Geomagic Design X 软件"展开 / 缠绕扫描"命令

"展开 / 缠绕扫描"命令可以展开点云或网格，主要用于环形点云或网格，围绕用户定义的轴并沿着用户定义的坐标系执行圆柱形展开或缠绕，并使其处于打开状态。当提取几乎不可见的细节、提取原始设计意图时，此命令非常有用。

具体操作步骤如下：

1）在菜单栏中单击"插入"→"导入"命令，导入要处理的点云数据。

2）在工具栏中单击"多边形"按钮，进入"编辑"模式，单击"展开 / 缠绕扫描"按钮，弹出"展开 / 缠绕扫描"对话框，如图 3-3-7 所示。

3）在"方法"对话框中选择"展开"选项。

4）在"输入"对话框中，"对象"选项需要指定目标扫描数据，选择轮胎点云；"轴"选项需要指定可以用作旋转轴的轴，选择中心线 1，或者两个基准平面的交线；"分割 / 起点"选项需要指定可用于定义切割或连接平面原点的点或多边形顶点，选择点 1；"半径"选项需要定义选择的轴和点之间的距离。更改半径值，以重新定位切割平面或连接平面的原点。

> **注意**：点的位置决定了展开扫描数据时拆分的起点，或滚动扫描数据时的连接起点。

5）单击"完成"按钮，即可完成轮胎点云数据的展开，如图 3-3-8 所示。

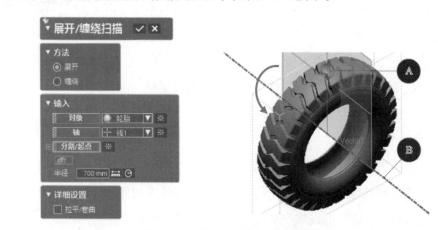

图 3-3-7　"展开 / 缠绕扫描"对话框

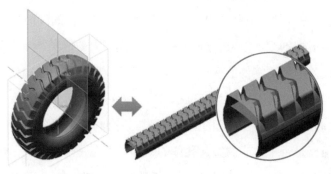

图 3-3-8　点云数据展开效果

学习情境 3-4　弧面凸轮快速质量检测

📝 学习情境描述

　　在前面的学习情境中已经完成了弧面凸轮的数据采集、数据处理、逆向曲面重构，但是企业在实际生产弧面凸轮的过程中，无法知道加工完成的弧面凸轮是否达到设计和装配要求，由于弧面凸轮无法用常规量具进行检测，给加工后的质量检测带来了极大的难度。此时，可以采用三维扫描仪扫描加工完成的弧面凸轮的实际轮廓与设计模型进行图像比对，来验证弧面凸轮数控加工的最终精度，进而验证是否满足弧面凸轮的设计和装配要求。

🎯 学习目标

一、知识目标

1. 了解基于三维扫描技术的快速质量检测方法。

2. 掌握 Geomagic Control X 软件质量检测时的工作流程。

3. 掌握 Geomagic Control X 软件产品三维扫描点云数据和原始设计模型进行数据对齐的方法。

4. 熟练掌握 Geomagic Control X 软件数据分析与质量检测的方法及命令。

5. 熟练掌握 Geomagic Control X 软件创建检测报告的方法。

二、能力目标

1. 能够独立分析并使用 Geomagic Control X 软件完成弧面凸轮三维扫描点云数据和原始设计模型的数据对齐。

2. 能够熟练操作检测软件 Geomagic Control X 完成弧面凸轮的数据分析与质量检测。

3. 能够熟练使用 Geomagic Control X 软件创建弧面凸轮的检测报告。

三、素养目标

1. 培养学生分解目标任务与实施思路规划的能力。

2. 培养学生独立分析、自主探究新知识、新技术的能力。

3. 培养学生敬业的工作态度和精益求精的产品质量控制意识。

4. 培养学生的综合职业能力，养成正确的产品质量观。

📋 任务书

　　在前面的学习情境中已经完成了弧面凸轮的数据采集、数据处理、逆向曲面重构，企业也根据逆向设计的弧面凸轮三维数据进行了数控机床加工，但由于弧面凸轮的外形尺寸不容易测量，本任务需要对加工完成的弧面凸轮进行质量检测。采用三维扫描仪扫描加工完成的弧面凸轮的实际轮廓与设计模型进行图像比对，弧面凸轮的尺寸公差单边控制在 0.04mm 范围内，来满足弧面凸轮的设计和装配要求。接受任务后，借阅或上网查询相关设计资料，合理地选择常用的检测软件和三维扫描仪，根据产品要求完成三维扫描数据与 CAD 数据对齐，独立完成 3D 比较和 2D 比较并分别创建注释，小组讨论完成图样中平面度、垂直度、倾斜度、位置度和面轮廓度等几何公差的标注。所有分析结果都体现在检测报告中，并生成 PDF 检测报告，完成弧面凸轮快速质量检测（图 3-4-1）。

a) 产品实物　　　　　　　　　　　　　　　b) 检测报告

图 3-4-1　弧面凸轮快速质量检测

任务分组

学生任务分配表见表 3-4-1。

表 3-4-1　学生任务分配表

班级		组号		指导教师	
组长		学号		组长电话	
组员	姓名	学号	具体任务分工		

任务实施

引导问题 1：什么是快速质量检测技术？它应用在哪些领域？

_____

_____

_____

引导问题 2：三维扫描得到的产品点云数据可以直接用来进行质量检测吗？是否必须对产品点云数据进行逆向建模设计后才能进行质量检测？

引导问题 3：三维扫描测量技术的产品质量检测方法和传统的产品质量检测相比有什么优势？

引导问题 4：检测软件 Geomagic Control X 的主要功能模块有哪些？应用逆向工程三维扫描技术完成快速质量检测的工作流程是什么？

引导问题 5：三维扫描点云数据与原始设计参考模型比对的对齐操作方式有哪些？它们的区别是什么？

引导问题 6：如何分析检测数据的偏差色谱图？图上的绿色、黄色和红色分别代表什么？产品允许的最大 / 最小范围和公差数值如何确定？

引导问题 7：Geomagic Control X 软件中可以生成 2D 截面进行检测分析吗？如何操作？

引导问题 8：Geomagic Control X 软件中可以标注几何公差进行检测分析吗？如何操作？

引导问题 9：分析检测报告一般包括哪些内容？实际生产中能否根据分析报告预测零件或工具何时出现故障？

弧面凸轮快速质量检测任务实施思路见表 3-4-2。

表 3-4-2　弧面凸轮快速质量检测任务实施思路

实施步骤	主要内容	实施简图	操作视频
1	将逆向设计的 3D 数据进行数控机床加工后，再将弧面凸轮三维扫描点云数据和原始设计数据分别导入 Geomagic Control X 软件，并将测试数据和参考数据精确对齐		
2	使用 Geomagic Design X 软件完成弧面凸轮 3D 比较：色谱误差分析		3-4-1　弧面凸轮原始设计CAD模型
3	使用 Geomagic Design X 软件完成弧面凸轮关键特征的 2D 比较：截面误差分析		3-4-2　加工后弧面凸轮三维扫描点云数据
4	使用 Geomagic Design X 软件完成弧面凸轮关键特征的几何尺寸和几何公差 GD&T 标注		3-4-3　弧面凸轮质量检测步骤
5	将完成的弧面凸轮的数据分析与质量检测数据输出生成弧面凸轮检测报告		3-4-4　弧面凸轮检测报告

评价反馈

　　首先，学生进行自评，评价自己否能完成本学习情境的学习目标，并按时完成实训报告等，检查任务有无遗漏，将结果填入表 3-4-3 中；然后，学生以小组为单位进行团队协作，对学习情境的实施过程与结果进行互评，将互评结果填入表 3-4-4 中；最后，教师对学生的工作过程与工作结果进行评价，评价内容包括工作过程相关学习目标是否达到，报告内容数据是否出自实训工作过程且真实合理，工作结果分析是否合理，是否养成良好的职业素养，项目成果报告是否表达准确、认识体会是否深刻等，并将评价结果填入表 3-4-5 中。

表 3-4-3　学生自评表

班级		姓名		学号		组别	
学习情境 3-4		弧面凸轮快速质量检测					
评价指标	评价标准				分值	得分	
原理掌握	掌握基于逆向工程技术的快速质量检测原理				10		
流程设计	能够设计产品快速质量检测的操作流程				10		
软件操作	掌握点云数据与曲面参考模型（产品曲面造型数据）比对的对齐操作技巧				10		
数据分析	能完成对比检测数据的报表分析				10		
结果展示	能生成并解读检测数据的偏差色谱图				10		
弧面凸轮 3D 打印	完成弧面凸轮的 3D 打印及装配验证				10		
工作态度	态度端正，没有无故缺勤、迟到、早退现象				10		
工作质量	能按计划完成工作任务				10		
协调能力	能与小组成员、同学合作交流，协调工作				5		
职业素质	能做到安全生产、文明施工、爱护公共设施				10		
质量意识	通过学习新的检测技术树立正确的产品质量观				5		
合计					100		

有益的经验和做法	
总结、反思和建议	

表 3-4-4　小组互评表

班级		组别		日期						
评价指标	评价标准			分值	评价对象（组别）得分					
					1	2	3	4	5	6
信息检索	该组能否有效利用网络资源、工作手册查找有效信息			5						
	该组能否用自己的语言有条理地解释、表述所学知识			5						
	该组能否将查到的信息有效地运用到工作中			5						
感知工作	该组是否熟悉各自的工作岗位，认同学习情境的工作价值			5						
	该组成员在工作中是否获得了满足感			5						
参与状态	该组与教师、同学之间是否相互尊重和理解			5						
	该组与教师、同学之间是否能够保持多向、丰富、适宜的信息交流			5						
	该组能否处理好合作学习和独立思考的关系，做到有效学习			5						
	该组能否提出有意义的问题或发表个人见解，能否按要求正确操作			5						
	该组成员是否能够倾听、协作分享			5						
学习方法	该组制订的工作计划、操作技能是否符合规范要求			5						
	该组是否获得了进一步发展的能力			5						
工作过程	该组是否遵守管理规程，操作过程是否符合现场管理要求			5						
	该组平时上课的出勤情况和每天完成工作任务情况			5						
	该组是否善于多角度思考问题，能否主动发现、提出有价值的问题			15						
思维状态	该组是否能发现问题、提出问题、分析问题、解决问题、有创新思维			5						
自评反馈	该组是否能按时按质完成工作任务，并进行成果展示，是否较好地掌握了专业知识点			5						
	该组是否能严肃认真地对待自评，并能独立完成自评表格			5						
小组互评分数				100						

表 3-4-5　教师综合评价表

班级		姓名		学号		组别	
学习情境 3-4			弧面凸轮快速质量检测				
评价指标		评价标准				分值	得分
线上学习（20%）	视频学习	完成课前预习知识视频学习				10	
	作业提交	在线开放课程平台预习作业提交				10	
工作过程（30%）	原理掌握	掌握基于逆向工程技术的快速质量检测原理				5	
	流程设计	能够设计产品快速质量检测的操作流程				5	
	软件操作	操作检测软件 Geomagic Control X 功能模块				5	
	对齐技巧	掌握点云数据与曲面参考模型（产品曲面造型数据）比对的对齐操作技巧				5	
	数据分析	能完成对比检测数据的报表分析				5	
	结果展示	能生成与解读检测数据的偏差色谱图				5	

（续）

评价指标		评价标准	分值	得分
职业素养 （20%）	工作态度	态度端正，没有无故缺勤、迟到、早退现象	4	
	工作质量	一丝不苟地完成工作任务	4	
	协调能力	能与小组成员、同学合作交流，协调工作	4	
	职业素质	能做到安全生产、文明施工、爱护公共设施	4	
	质量意识	通过学习新的检测技术树立正确的产品质量观	4	
项目成果 （30%）	工作完整	能按时完成任务	10	
	任务方案	能按时完成弧面凸轮快速质量检测	10	
	成果展示	能准确地表达、汇报工作成果	10	
合计			100	
综合评价	自评（20%）	小组互评（30%）	教师评价（50%）	综合得分

💡 **拓展视野**

大国重器里的中国精度

科学之路，惟信念，谋未来。

十年来，中国稳居世界第一制造业大国的位置，一个个大国重器、精密工艺、重磅基建，铸就新时代的中国实力。从"中国制造"到"中国创造"，从"中国速度"到"中国质量"，从"中国产品"到"中国品牌"，越来越多的中国品牌享誉世界，成为闪亮的国家名片。

创新创造的背后，是一代又一代大国工匠和央企脊梁们的接续奋斗，他们用匠心丈量着"中国精度"（图3-4-2），让中国制造上天入地、穿梭时空，淬炼出一个更高质量、更高水平的极致中国。这些精准度的实现，离不开科学家的反复训练，他们以坚持到底的耐力和敢为人先的魄力，达成一个又一个中国精度；他们刻苦钻研、精益求精，让大国重器站上世界之巅；他们突破创新、精雕细琢，让中国制造打上

图 3-4-2　大国重器里的中国精度

"智造"标签；他们勇于挑战、精心巧思，让大国基建不断书写奇迹。

大国重器练就"绣花功夫"，2022年7月25日，问天实验舱成功对接天和核心舱前向端口（图3-4-3），微波雷达持续输出高精度，百千米距离测角精度达0.1°，完美助力精准交会对接。

图 3-4-3　问天实验舱成功对接天和核心舱

3-4-5　用匠心丈量中国精度

📖 学习情境相关知识点

知识点 1：常规的产品质量检测工具

尺寸在生产过程中是最基本也是最重要的控制要素之一，尺寸测量要素、测量方法、测量精度、测量标准、测量设备、测量工具工装、测量环境、测量人员、测量频次、测量成本等都是在产品生产中必须考虑的因素。

常规的产品质量检测工具通常按用途分为通用测量工具、专用类测量工具和专用测量工具三类。

1. 通用测量工具

可以测量多种类型工件的长度或角度的测量工具，称为通用测量工具。这类测量工具的品种规格最多，使用也最广泛，有游标卡尺、千分尺、百分表、量块、角度量块、正弦规、多齿分度台、比较仪、激光测长仪、工具显微镜、三坐标测量机等。

2. 专用类测量工具

专用类测量工具是指用于测量某一类几何参数、几何公差等的测量工具。它可分为：

1）直线度和平面度测量工具，常见的有直尺、水平仪、自准直仪等。

2）表面粗糙度测量工具，常见的有表面粗糙度样块、干涉显微镜和表面粗糙度测量仪等。

3）圆度和圆柱度测量工具，有圆度仪、圆柱度测量仪等。

4）齿轮测量工具，常见的有齿轮综合检查仪、渐开线测量仪、周节测量仪、导程仪等。

5）螺纹测量工具等。

3. 专用测量工具

专用测量工具是指仅适合测量某特定工件的尺寸、表面粗糙度、形状和位置误差等的测量工具，常见的有自动检验机、自动分选机、单尺寸和多尺寸自动检验装置等。

知识点 2：基于三维扫描数据的产品质量检测

传统的产品尺寸质量检测方法主要是人工利用简单的设备对零件的某些关键尺寸与几何公差进行测量。在测量中，由于检测人员的经验和检测设备的不同，每一次的检测精度都不容易达到要求，并且检测人员的劳动强度大、检测时间长，只能对部分产品进行检测。

特别是在对许多具有复杂曲面的零件进行检测时，由于其外形极其不规则，在进行质量检测时，用传统的测量工具检测难度大、周期长，且检测精度不高，造成传统的测量工具和检测方法根本达不到检测其制造精度是否达到设计要求的目的。因此在实际生产中，应该采用更有效的方法取代传统的测量工具，以提高检测精度。

随着计算机技术、检测技术以及图形学等学科和技术的发展，逆向工程技术得到了广泛应用，其中的三维扫描测量技术也蓬勃发展起来。利用逆向工程技术，基于三维扫描测量技术的曲面质量检测方法，实现产品检测手段的数字化、可视化、自动化，可解决常规测量手段耗时长、检测难、成本高的问题。

基于三维扫描测量技术的曲面质量检测方法的实质，就是利用三维扫描测量得到的点云数据与产品曲面造型数据进行三维比较，主要包括三维扫描点云数据的获取、点云数据的处理、点云数据与曲面参考模型（产品曲面造型数据）的三维对齐技术，以及检测数据的分析报表设计和偏差色谱图分析。

通过将产品三维模型与设计图样进行对比，对产品进行度量、比较、分析，并快速地判断产品是否合格，为产品的质量判断提供可靠的理论依据。因此，它在产品的质量检测中发挥着重要的作用。

知识点 3：逆向检测软件 Geomagic Control X 简介

Geomagic Control X 是一款专业的三维质量控制和尺寸检测软件（图 3-4-4），可快速捕获和处理来自三维扫描仪和其他便携式设备的数据，通过将零件的三维扫描数据与 CAD 模型或原版零件进行比较获得检测结果，能够更快地发现并解决问题。

使用 Geomagic Control X 可以准确一致地评估零件损坏、变形或磨损，扫描甚至能够发现意料之外的部位的磨损或变形。软件的自动对齐和偏差分析工具可以轻松地定位与测量零件磨损。通过监控零件几何形状随时间的变化，捕捉无法预见的问题，因此可以预测零件或工具何时可能出现故障，并保持正常生产。

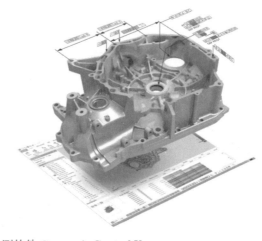

图 3-4-4 逆向检测软件 Geomagic Control X

知识点 4：逆向检测软件 Geomagic Control X 的工作流程（图 3-4-5）

1. 加载数据：导入检测对象和参考对象

质量检测就是通过 Geomagic Control X 软件把扫描获得的点云数据与标准 CAD 数据进行比对，从而得到误差色谱图和质量检测报告的过程。用上一步的三维扫描技术获取完整的弧面凸轮的三维点云数据后，就可以对其进行误差分析和快速质量检测。

检测对象是待检测的弧面凸轮 STL 点云数据，参考对象是该产品的原始设计 CAD 模型，将它们分别导入 Geomagic Control X 软件，具体操作步骤如下：

1）双击 Geomagic Control X 图标打开软件，根据需求选择合适的配置文件。

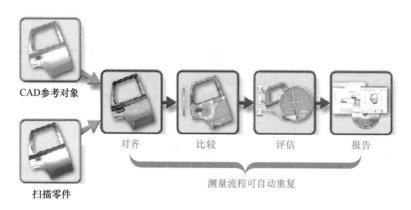

CAD参考对象

扫描零件

对齐　　比较　　评估　　报告

测量流程可自动重复

图 3-4-5　逆向检测软件 Geomagic Control X 的工作流程

2）单击"初始"→"导入"命令，将 STL 数据和 CAD 数据导入。

3）单击模型管理器的结果数据，可以看到 CAD 对象被自动设置成参考数据，STL 对象被自动设置成测试数据，如图 3-4-6 所示。

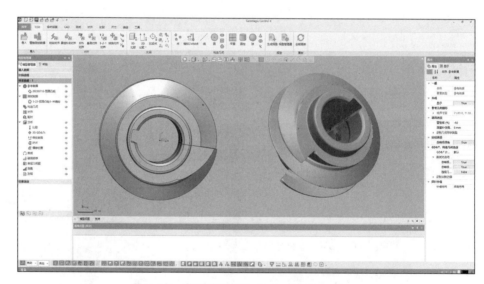

图 3-4-6　逆向检测软件 Geomagic Control X

2. 数据对齐：对齐测试数据和参考数据

Geomagic Control X 共有以下五种数据对齐方法。

（1）初始对齐　根据模型的几何特征自动对齐测试数据和参考数据。

（2）最佳拟合对齐　根据测试数据和参考数据之间的重叠区域将它们对齐，这种方式能使测试数据和参考数据之间的总体偏差最小。

（3）3-2-1 对齐　使用几何特征并锁定所有 6 个自由度来对齐测试数据和参考数据，这种方式使用 3 个点定义主平面，2 个点定义垂直于主平面的次平面的法线方向，根据右手定则即可确定坐标系第三个轴的方向，1 个点定义坐标系的原点位置。

（4）基准对齐　首先在测试数据和参考数据上分别创建基准特征，然后通过匹配两者的基准特征来对齐测试数据和参考数据。

（5）RPS 对齐　通过匹配特定的点对齐测试数据和参考数据，这些特定的点包括圆心、腰形孔中心和球心等。

分别单击"对齐"→"初始对齐"和"最佳拟合对齐"命令，将测试数据和参考数据精确对齐（图 3-4-7）。也可以在实际应用中根据情况合理选择上述五种方法中的一种。

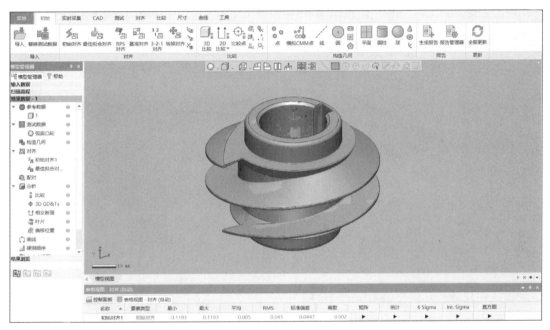

图 3-4-7　测试数据和参考数据对齐

3. 3D 比较：色谱误差分析

3D 比较是指计算测试数据和参考数据之间的形状偏差，并用一个色谱图形象地表达出来。同时也可在模型上创建注释，即将偏差显示在标签中，并按给定的公差范围用不同颜色区分显示偏差合格或不合格，以便直观地查看产品是否在公差范围内以及超出的范围。

单击"比较"→"3D 比较"命令，分别设置产品允许的最大 / 最小范围和公差数值，最后单击"确定"，创建图 3-4-8 所示的色谱图和注释。3D 比较标签的标题栏有绿色、黄色和红色三种，绿色和黄色表示偏差在公差以内，红色表示偏差超出公差范围。

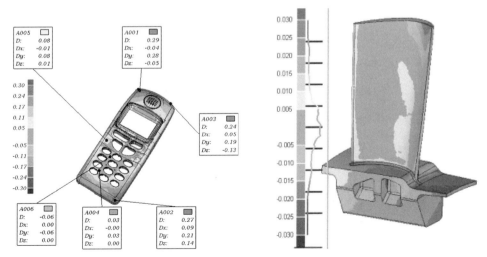

图 3-4-8　色谱误差分析

4. 2D 比较：截面误差分析

2D 比较是根据需要在模型上创建 2D 截面，然后在 2D 截面轮廓上比较测试数据和参考数据之间的偏差，类似于 3D 比较，它也可在模型上创建注释。

单击"比较"→"2D 比较"命令，选择其中一个基准平面，将偏移距离设置到需要检测的合适位置，设置最大 / 最小范围和公差，创建图 3-4-9 所示的 2D 截面上不同颜色的偏差和注释。也可以自动测量叶片的翼型剖面、弦角和长度、2D 扭曲等。

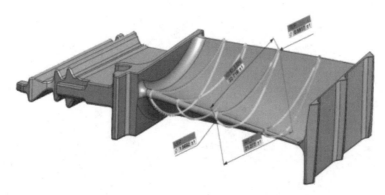

图 3-4-9   2D 比较

5. 创建几何尺寸和几何公差 GD&T 标注

几何尺寸和几何公差（GD&T）可以分析二维或三维空间中特征的尺寸、形状、方向和位置，并且能够在用户定义的公差范围内评估特征是否合格。特征的尺寸可以通过几何尺寸（如线性尺寸、角度尺寸或径向尺寸）来分析，特征的形状、方向和位置可以通过几何公差（如平面度、圆度、圆柱度和平行度）来分析。可以根据需要分别在 3D 或 2D 视图上创建 GD&T 标注。

单击"尺寸"→"2D GD&T"命令，再单击"添加截面"命令，进入 2D 断面视图模式，使用各种几何尺寸标注命令，完成 2D 几何尺寸标注。

单击"尺寸"→"3D GD&T"命令，再单击"添加组"命令，创建 Group1 组；单击"长度尺寸"和"半径尺寸"命令完成 3D 几何尺寸标注。接着进行几何公差标注，创建 Group2 组后，单击"基准"命令设置基准，再使用"平面度"和"垂直度"等命令，创建图 3-4-10 所示的几何公差标注。通过创建的注释及其颜色可以看出在规定的公差范围内不合格的区域。

6. 创建检测报告

在对齐模型并完成所需的各种数据分析和检测后，可以使用 Geomagic Control X 软件中的生成报告功能来自动生成详细的检测报告，报告中包括检测数据、多重视图、注释等结果。自动生成检测报告的格式有 PDF、PowerPoint 和 Excel，可根据需要进行选择。

单击"初始"→"生成报告"命令，根据需要设置报告中出现的项目后，即可创建检测报告，如图 3-4-11 所示。通过检测报告可以对产品的质量情况有全面的了解。

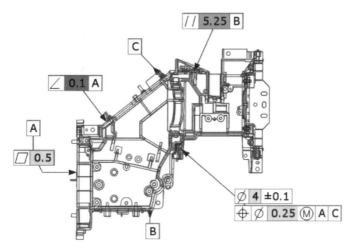

图 3-4-10　几何公差标注

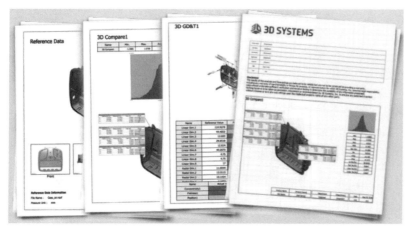

图 3-4-11　检测报告

📋 项目拓展训练

1）根据本项目所学的产品逆向设计方法，利用逆向设计软件对图 3-4-12 所示的凸轮进行逆向造型设计，利用软件的数据比对功能，完成数字模型精度对比报告。

2）根据本项目所学的产品逆向设计方法，利用逆向设计软件对图 3-4-13 所示的风扇叶片进行逆向造型设计，利用软件的数据比对功能，完成数字模型精度对比报告。

3-4-6　凸轮点云数据

3-4-7　风扇叶片点云数据

图 3-4-12　凸轮

图 3-4-13　风扇叶片

3）根据本项目所学的产品逆向设计方法，利用逆向设计软件对图 3-4-14 所示的底座进

3-4-8 底座点云
数据

3-4-9 上盖点云
数据

行逆向造型设计，利用软件的数据比对功能，完成数字模型精度对比报告。

4）根据本项目所学的产品逆向设计方法，利用逆向设计软件对图 3-4-15 所示的上盖进行逆向造型设计，利用软件的数据比对功能，完成数字模型精度对比报告。

图 3-4-14   底座   图 3-4-15   上盖

04

水陆两栖车逆向造型及创新设计学习情境来源于全国职业院校技能大赛高职组工业设计技术赛项，该赛项按照汽车行业工业设计技术岗位的真实工作过程设计竞赛内容，主要包括三维数据采集、逆向建模、创新设计、产品结构设计、CNC 编程与加工、3D 打印、装配验证等知识、技术技能以及职业素养等内容，全面检验学生工业设计的工程实践能力和创新能力。

本项目在引入赛项真题的基础上，结合课程教学实施的具体情况，对赛题的部分任务进行适当调整，以保证学生在有限的课程教学时间内达到赛题的核心能力考核标准。

某玩具厂需要开发一款水陆两栖遥控特技车，如图 4-0-1 所示。现需要在已开发产品的基础上，按照已选定的电动机和电源等条件进行水陆两栖遥控特技车结构设计，并进行部分创新设计和零部件的 3D 打印、装配，并验证设计的可行性。

图 4-0-1 水陆两栖遥控特技车效果图

在水陆两栖车逆向造型及创新设计的实施过程中，需要完成水陆两栖车表面三维数据采集、逆向曲面造型设计、创新设计，产品内部结构设计、3D 打印及装配验证等任务，要求学生掌握汽车行业工业设计技术岗位真实工作过程、三维数据扫描技术、产品创新设计和 3D 打印等知识和技能。本项目的主要学习情境见表 4-0-1。

表 4-0-1 水陆两栖车逆向造型及创新设计学习情境

序列	学习情境	主要学习任务	学时分配
1	水陆两栖车三维数据采集	双光源手持三维扫描仪的操作方法	2
2	水陆两栖车逆向设计	逆向曲面造型的设计方法	18
3	水陆两栖车结构设计	产品结构设计原则及方法	12
4	水陆两栖车创新设计及 3D 打印	产品创新设计方法及样件装配验证	6

学习情境 4-1   水陆两栖车三维数据采集

📝 学习情境描述

根据题目要求，首先需要对提供的三维扫描仪进行标定。利用标定成功的扫描仪和附件对任务书指定的水陆两栖车实物（图 4-1-1）进行扫描，获取三维点云数据，并对获得的点云进行相应取舍，剔除噪声点和冗余点后保存点云文件。本学习情境主要考核学生对复杂表面三维点云数据的获取能力。

a) 正面　　　　　　　　　　　b) 反面

图 4-1-1　水陆两栖车实物

🎯 学习目标

一、知识目标

1. 了解双光源手持三维扫描仪的工作原理。

2. 了解双光源手持三维扫描仪的优缺点及应用领域。

3. 熟练掌握双光源手持三维扫描仪的标定及扫描的基本操作步骤。

二、能力目标

1. 能够根据水陆两栖车的设计要求，选择合适的数据采集方法和三维扫描仪，完成三维数据采集方案设计。

2. 能够熟练地对双光源手持三维扫描仪进行标定操作。

3. 熟练地操作双光源手持三维扫描仪完成水陆两栖车上盖的表面点云数据采集。

4. 熟练地对采集的上盖表面点云数据进行降噪、数据精简等预处理。

三、素养目标

1. 培养学生发现实际问题和研究应用问题的实践能力。

2. 培养学生的组织协调能力和团队合作能力。

3. 在学习设计的过程中培养劳动精神，养成精益求精的工作态度。

📋 任务书

该水陆两栖车的外形参考早期投放市场的上盖外形，考虑到生产的经济性，从市场上采购部分配件，根据其他功能要求进行下盖创新设计、内部结构设计。本任务主要利用逆向三维扫描技术，完成上盖表面外形的三维数据采集，车身尺寸、前后轴距由提供的水陆两栖车上盖模型决定。

接受任务后，借阅或上网查询相关设计资料，获取汽车行业工业设计技术岗位的真实工作过程、各种先进设计方法等有效信息，根据产品的结构特点，合理选择三维数据采集设备，完成水陆两栖车的三维点云数据采集，如图 4-1-2 所示。

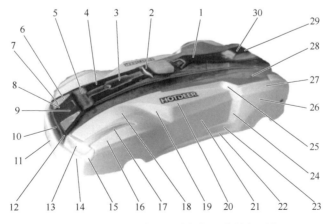

a) 上盖实物　　　　　　　　　　　　　　　b) 上盖三维点云数据

图 4-1-2　水陆两栖车三维点云数据采集

具体要求如下：

（1）标定　学生利用选定的三维扫描仪和标定板，根据三维扫描仪的使用要求，进行三维扫描仪标定，并确认三维扫描仪处于"标定成功"状态。

（2）数据采集　学生使用自行认定"标定成功"的三维扫描仪和附件，完成给定的水陆两栖车上盖外壳内外表面扫描，并对获得的点云进行取舍，剔除噪声点和冗余点。经过取舍后保存点云电子文档，格式为 ASC 文件，文件命名为"学号 + 姓名"，以及封装后的电子文档格式为 STL 文件，文件命名为"学号 + 姓名"。

> **注意：** 由于上盖外壳刚性较差，固定时应尽量保证不要产生大变形，以免扫描数据失真。

（3）数据完整性及处理效果　要求扫描并处理后的三维点云数据主体特征完整、组成面的点基本齐全，且与实物对比不失真，以点云数据能够真实地反映实物外形，足够用于逆向曲面建模为标准进行评判，详细的扫描特征要素要求如图 4-1-3~ 图 4-1-5 所示。

图 4-1-3　上盖外表面三维数据采集特征要素

1—顶部凸台及凹槽　2—开关凸台　3—顶部黑色凹槽　4—顶部黑色凸台　5—顶部前斜面　6—槽侧面　7—槽平面
8—前面斜坡　9—黑色前面　10—黑色凸台　11—白色前面　12—黑色下部白色凸缘　13—前面凹槽　14—前部斜角
15—凹槽周围凸缘　16—侧面斜坡　17—凸缘装饰特征　18—侧面曲面　19—三角斜面及相连部分斜面　20—带字母面
21—侧面内凹面　22—侧面下边缘小凸缘 1　23—侧面下边缘小凸缘 2　24—侧面小凸台　25—侧面斜坡　26—尾部大侧面
27—尾部斜坡　28—蓝色部分曲面　29—尾部曲面　30—尾部黑色凸台

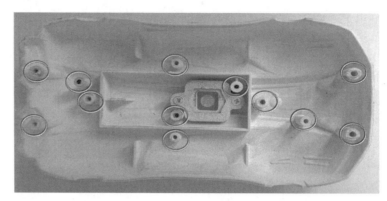

图 4-1-4   上盖内表面凸柱和螺纹孔特征要素

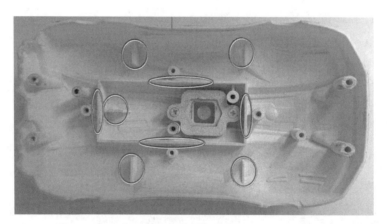

图 4-1-5   上盖内表面加强筋和控制板安装壳特征要素

任务分组

学生任务分配表见表 4-1-1。

表 4-1-1   学生任务分配表

班级			组号		指导教师	
组长			学号		组长电话	
组员	姓名	学号		具体任务分工		

📊 任务实施

引导问题 1： 本任务中的水陆两栖车上盖整体结构比较多，车身线条特征明显，需要粘贴标志点进行扫描吗？为什么？

引导问题 2： 本任务中的水陆两栖车主体是白色、黑色和蓝色三种颜色，三维扫描前是否必须进行预处理喷粉操作？为什么？

引导问题 3： 市面上常见的三维扫描仪采用的是什么光源？在一台三维扫描仪上是否只能采用一种光源？一台三维扫描仪可以同时采用多种光源吗？

引导问题 4： 本任务中的水陆两栖车外壳内表面有很多凸柱和螺纹孔特征，使用三维扫描仪可以完整地扫描这些特征数据吗？一般三维扫描仪可以扫描孔径多大的孔？

引导问题 5： 本任务中的水陆两栖车上盖外壳刚性较差，为了避免三维扫描数据失真，固定时尽量保证不要产生大变形，小组讨论应该如何固定外壳进行扫描。

引导问题 6： 在使用三维扫描仪进行扫描时，经常会出现扫描不到的区域，这种情况应该怎么处理？是否必须完整地扫描得到外壳的三维点云扫描数据才能进行逆向造型设计？评判点云数据完整性的标准是什么？

_____

_____

_____

_____

引导问题 7： 你们小组扫描完成的水陆两栖车上盖三维点云数据中有多少个点？如果点的数据太大，导入逆向造型软件无法运行，造成软件卡顿该怎么处理？

_____

_____

_____

_____

引导问题 8： 你们小组在水陆两栖车上盖三维扫描实践过程中遇到了什么问题？获得的三维点云数据完整吗？如果三维扫描后得到的数据不完整，有什么处理方案？

_____

_____

_____

水陆两栖车三维数据采集任务实施思路见表 4-1-2。

表 4-1-2　水陆两栖车三维数据采集任务实施思路

实施步骤	主要内容	实施简图	操作视频
1	根据水陆两栖车的实际要求，选择合适的数据采集方法和三维扫描仪	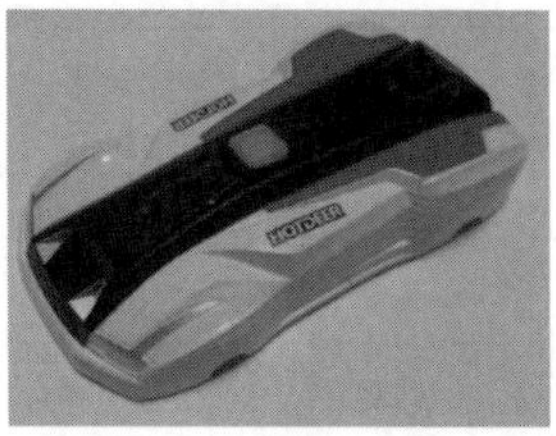 	4-1-1　水陆两栖车三维扫描方案
2	完成双光源手持三维扫描仪的硬件安装及调试	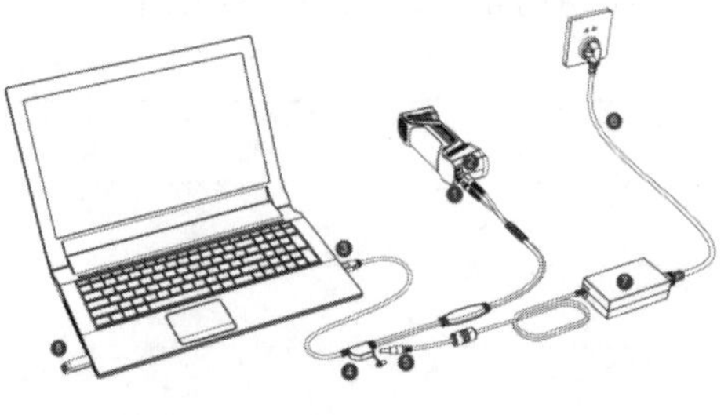	4-1-2　双光源三维扫描仪硬件安装

（续）

实施步骤	主要内容	实施简图	操作视频
3	完成双光源手持三维扫描仪的标定操作		4-1-3　双光源三维扫描仪标定
4	使用标定完成的双光源手持三维扫描仪对水陆两栖车进行三维数据采集		4-1-4　水陆两栖车三维数据采集
5	将扫描完成的水陆两栖车三维点云数据导出，为后续的逆向曲面设计做准备		4-1-5　水陆两栖车点云数据输出

👤💬 评价反馈

　　首先，学生进行自评，评价自己能否完成本学习情境的学习目标，并按时完成实训报告等，检查任务有无遗漏，将结果填入表 4-1-3 中；然后，学生以小组为单位进行团队协作，对学习情境的实施过程与结果进行互评，将互评结果填入表 4-1-4 中；最后，教师对学生的工作过程与工作结果进行评价，评价内容包括工作过程相关学习目标是否达到，报告内容数据是否出自实训工作过程且真实合理，工作结果分析是否合理，是否养成良好的职业素养，项目成果报告是否表达准确、认识体会是否深刻等，并将评价结果填入表 4-1-5 中。

表 4-1-3　学生自评表

班级		姓名		学号		组别	
学习情境 4-1		水陆两栖车三维数据采集					
评价指标	评价标准					分值	得分
双光源三维扫描仪工作原理	了解双光源手持三维扫描仪的工作原理及应用领域					10	
扫描仪标定操作	熟练掌握三维扫描仪标定操作					10	
水陆两栖车上盖曲面数据采集	熟练操作双光源手持三维扫描仪，完成水陆两栖车上盖曲面点云数据的采集					10	
上盖外表面扫描数据	上盖外表面点云数据完整（30 处特征要素）					10	
上盖凸柱和螺纹孔特征扫描数据	上盖内表面凸柱和螺纹孔特征点云数据完整（12 处特征要素）					10	
上盖加强筋和控制板安装壳扫描数据	上盖内表面加强筋和控制板安装壳特征点云数据完整（9 处特征要素）					10	
工作态度	态度端正，没有无故缺勤、迟到、早退现象					10	
工作质量	能按计划完成工作任务					10	
协调能力	能与小组成员、同学合作交流，协调工作					5	
职业素质	能做到安全生产、文明施工、爱护公共设施					10	
创新意识	通过学习逆向工程技术的应用，理解创新的重要性					5	
合计						100	
有益的经验和做法							
总结、反思和建议							

表 4-1-4　小组互评表

班级		组别		日期					
评价指标	评价标准	分值	评价对象（组别）得分					
			1	2	3	4	5	6
信息检索	该组能否有效利用网络资源、工作手册查找有效信息	5						
	该组能否用自己的语言有条理地解释、表述所学知识	5						
	该组能否将查到的信息有效地运用到工作中	5						
感知工作	该组是否熟悉各自的工作岗位，认同学习情境的工作价值	5						
	该组成员在工作中是否获得了满足感	5						
参与状态	该组与教师、同学之间是否相互尊重和理解	5						
	该组与教师、同学之间是否能够保持多向、丰富、适宜的信息交流	5						
	该组能否处理好合作学习和独立思考的关系，做到有效学习	5						
	该组能否提出有意义的问题或发表个人见解，能否按要求正确操作	5						
	该组成员是否能够倾听、协作分享	5						

（续）

评价指标	评价标准	分值	评价对象（组别）得分					
			1	2	3	4	5	6
学习方法	该组制订的工作计划、操作技能是否符合规范要求	5						
	该组是否获得了进一步发展的能力	5						
工作过程	该组是否遵守管理规程，操作过程是否符合现场管理要求	5						
	该组平时上课的出勤情况和每天完成工作任务情况	5						
	该组是否善于多角度思考问题，能否主动发现、提出有价值的问题	15						
思维状态	该组是否能发现问题、提出问题、分析问题、解决问题、有创新思维	5						
自评反馈	该组是否能按时按质完成工作任务，并进行成果展示，是否较好地掌握了专业知识点	5						
	该组是否能严肃认真地对待自评，并能独立完成自评表格	5						
小组互评分数		100						

表 4-1-5　教师综合评价表

班级		姓名		学号		组别	
学习情境 4-1			水陆两栖车三维数据采集				
评价指标		评价标准				分值	得分
线上学习 （20%）	视频学习	完成课前预习知识视频学习				10	
	作业提交	在线开放课程平台预习作业提交				10	
工作过程 （30%）	扫描仪工作原理	了解双光源手持三维扫描仪的工作原理及应用领域				5	
	扫描仪标定操作	熟练掌握三维扫描仪标定操作				5	
	上盖曲面数据采集	熟练操作双光源手持三维扫描仪完成水陆两栖车上盖曲面点云数据的采集				5	
	上盖外表面扫描数据	上盖外表面点云数据完整（30 处特征要素）				5	
	凸柱和螺纹孔扫描数据	上盖内表面凸柱和螺纹孔特征点云数据完整（12 处特征要素）				5	
	加强筋和控制板安装壳扫描数据	上盖内表面加强筋和控制板安装壳特征点云数据完整（9 处特征要素）				5	
职业素养 （20%）	工作态度	学习态度端正，没有无故迟到、早退、旷课现象				4	
	协调能力	能与小组成员、同学合作交流，协调工作				4	
	职业素质	能做到安全生产、文明操作、爱护公共设施				4	
	创新意识	能主动发现、提出有价值的问题，完成创新设计				4	
	6S 管理	操作过程规范、合理，及时清理场地，恢复设备				4	

(续)

评价指标		评价标准	分值	得分
项目成果（30%）	工作完整	能按时完成任务	10	
	任务方案	能按时完成水陆两栖车的曲面数据采集	10	
	成果展示	能准确地表达、汇报工作成果	10	
合计			100	
综合评价	自评（20%）	小组互评（30%）	教师评价（50%）	综合得分

💡 **拓展视野**

身边的榜样——邵思程

24 岁的邵思程有着不一样的经历：初中之前他是"网瘾少年"，成绩长期垫底，中考仅考了 300 分，这还是超常发挥的，最后进入衢州中专机电工程专业学习，但自此开始他发奋图强了。

2014 年 9 月，邵思程成为衢州中专机电工程专业的一名新生。该校机电工程学部主任朱涛说："邵思程也是当年考入中专分数最低的学生。进入中专的邵思程对机械设计产生了兴趣："我对游戏突然没兴趣了，感觉制图比游戏更好玩。"曾经的班主任郑志富对邵思程说："你是个好苗子，如果将玩游戏的精力花在机械设计上，你一定会成为全村的骄傲。"随后邵思程进入了衢州中专技能大赛竞赛工作室，"进入学校竞赛工作室后，需要自学三维设计软件。因为基础薄弱，别人半小时就可以画好的图，我研究一天才搞明白，除了睡觉和吃饭的时间，都在工作室训练。"

2016 年，邵思程在第 44 届世界技能大赛 CAD 机械设计项目全国选拔赛中获得第七名，入围中国集训队。经过 3 年的专业学习与集训，邵思程更加坚定了自己的专业选择。

2017 年 9 月，邵思程通过比赛获得了免试升学的机会，进入浙江工业职

图 4-1-6　参加第一届职业技能大赛

业技术学院学习，成为一名高职学生。2018 年，邵思程入围第 45 届世界技能大赛 CAD 机械设计项目国家集训队，获得第五名。

2020 年 9 月，邵思程大专毕业，成为杭州萧山技师学院的老师。

2020 年 12 月，邵思程参加中华人民共和国第一届职业技能大赛（图 4-1-6），获得 CAD 机械设计（国赛精选项目）的铜牌，被授予"全国技术能手"荣誉称号。

2021 年 9 月，邵思程成为衢州职业技术学院机电工程学院在编教师，享受

副教授待遇。

"未来还是要不断超越自己。同时，我也希望能够让更多的人享受这种完成'工艺品'的成就感与满足感，希望在衢州职业技术学院培养出更多这个领域的技术人才，服务于当地企业，让更多的人通过自己的技能实现人生梦想。"面对取得的成绩，邵思程如是说。

学习情境相关知识点

知识点 1：双光源手持三维扫描仪简介

双光源手持三维扫描仪是将蓝色激光光源与 VCSEL 不可见光（红外结构光）

光源集于一款设备（图 4-1-7），通过两种光源，有效地减少自然环境光对扫描数据的干扰，可扫描多种材质的物体表面。相比于可见光光源，使用 VCSEL 不可见光光源，扫描过程更友好、更舒适。双光源手持三维扫描仪既有 VCSEL 不可见光光源的快速高效，又兼顾激光的精度和细节，在兼顾扫描效率的同时，也可以保证扫描的数据质量，从而满足用户的多重需求。

图 4-1-7　双光源手持三维扫描仪

4-1-6　双光源手持三维扫描仪简介

该产品具有扫描速度快、获取数据完整、重量轻、扫描轻松的特点，并且支持高精度重复操作，兼容多种扫描物体材质，对黑色或者反光表面也可精准扫描，能快速实现多类物体的三维数字化，主要应用于汽车、航空航天、重工机械、文物雕塑、家居建材、医疗健康等众多行业，实现计量级全尺寸检测、逆向设计、增材制造及其他应用。

知识点 2：双光源手持三维扫描仪的标定

首次使用时将直接进入标定界面，或者在导航条上选择"标定"，切换到标定界面。根据软件中的标定向导进行标定，需要从 6 个方向进行采图标定，如图 4-1-8 所示。

1）标定板正面朝上，水平放置。

2）根据软件界面上的提示调整扫描仪的位置。

3）单击扫描仪上的实体中键开始标定。

4）根据软件界面上的高度提示缓慢地上下移动设备，调整扫描仪和标定板之间的距离。

5）当所有的高度提示框都变绿且打钩后，代表当前位置标定完成，自动进入下一个位置的标定。

6）根据软件界面提示调整扫描仪的位置，重复 3）~5）步，完成剩余方向的标定。

7）软件会自动进行标定计算，查看标定结果，标定成功后，可单击"下一步"按钮，进入下一个标定阶段。

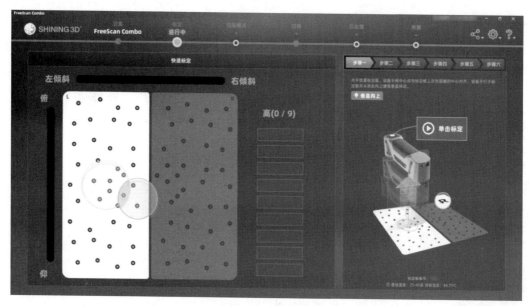

图 4-1-8   标定界面

知识点 3：双光源手持三维扫描仪的基本操作步骤（图 4-1-9）

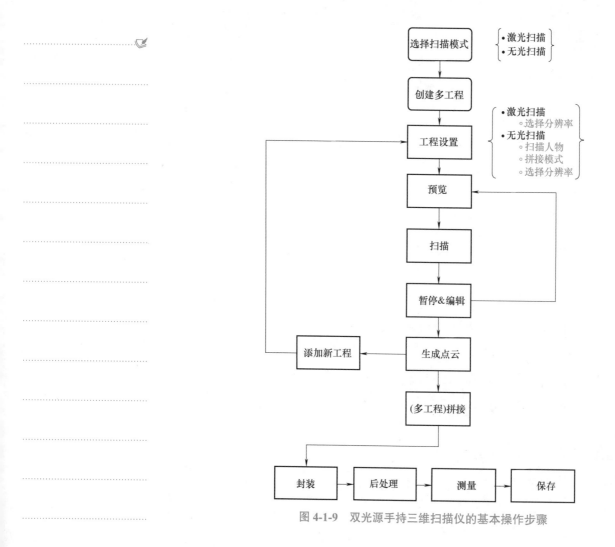

图 4-1-9   双光源手持三维扫描仪的基本操作步骤

知识点 4：使用双光源手持三维扫描仪（图 4-1-10）扫描物体

1. 无光扫描

无光扫描是利用扫描仪的 VCSEL 不可见光（红外结构光）进行扫描的一种方式，通常用于扫描人和物。无光扫描比激光扫描的扫描速度快，但扫描到的物体细节和精度较低，可扫描人像和大尺寸物体。

1）单击"新建多工程"，弹出新建工程的文件窗口。在创建工程时，需要选择扫描模式，可以在人和物之间选择，不同的扫描模式需要进行不同的后续工程设置。

2）设置新建工程文件的保存路径和文件名。

3）设置相关扫描数据的选项，选择拼接模式：根据具体情况选择表 4-1-6 所列拼接模式中的一种。

序号	名称	说明
1	状态灯/距离灯	设备上电后显示青绿色 开始扫描后转变为距离灯： ●红色：距离太近 ●黄色：距离较近 ●绿色：距离合适 ●青绿色：距离较远 ●蓝色：距离太远
2	扫描按键	单击：预扫、扫描、暂停 双击：调出菜单栏，此时中键为确认键 长按：切换光源模式
3	相机亮度调节按钮	—
4	三维场景中数据显示大小调节按钮	●长按上键：开启、关闭局部视角 ●长按下键：开启、关闭视角锁定

图 4-1-10　双光源手持三维扫描仪的按键

表 4-1-6　双光源手持三维扫描仪拼接模式

扫描模式	拼接模式	分辨率 /mm	说明
扫描人像	特征拼接	0.2~3.0	特征拼接利用被扫描物表面几何特征自动完成拼接，需要被扫描物具有较丰富的表面特征
扫描物体	特征拼接 混合拼接 框架点拼接	0.2~3.0 0.1~0.5（小型物体）	框架点拼接利用框架点文件辅助完成扫描拼接，需要导入一个已经存在的框架点文件，或者先扫描一个 混合拼接综合利用程序提供的特征、标志点拼接方式混合完成扫描拼接，适用于被扫描物体不同部位的几何特征丰富程度不一样的情况

4）单击"应用"按钮，进入扫描界面。按下设备上的扫描键，进入扫描预览模式。在预扫描模式下，不对模型数据采集。在新建工程、导入工程、暂停扫描、结束扫描操作后，都可切换到扫描预览模式，根据预览结果调整工作距离。扫描数据的有效区域，根据物体的大小和拼接需求进行调整，数值越大，远处的数据越容易扫描到，但会损失一些数据细节。工作距离参考范围见表 4-1-7。

表 4-1-7   工作距离参考范围   （单位：mm）

扫描模式	最小工作距离	最大工作距离	工作距离范围
扫描人像	160	1400	≥ 200
扫描物体	160	600 250（小型物体）	≥ 200 ≥ 40（小型物体）

单击设备上的 ▶ 按钮或者再次按下设备上的扫描键，退出预扫描模式，开始扫描。

5）单击设备上的 ▶ 按钮或软件上的"暂停"按钮暂停扫描。扫描数据在扫描过程中会自动保存到工程文件中。

2. 激光扫描

激光扫描是指利用扫描仪投射的激光线对物体进行扫描，通常用于高精度的工业检测扫描。

1）单击"新建多工程"，弹出新建工程的文件窗口，如图 4-1-11 所示。

2）设置新建工程文件的保存路径和文件名。

3）设置相关扫描数据的选项，包括分辨率和点距。

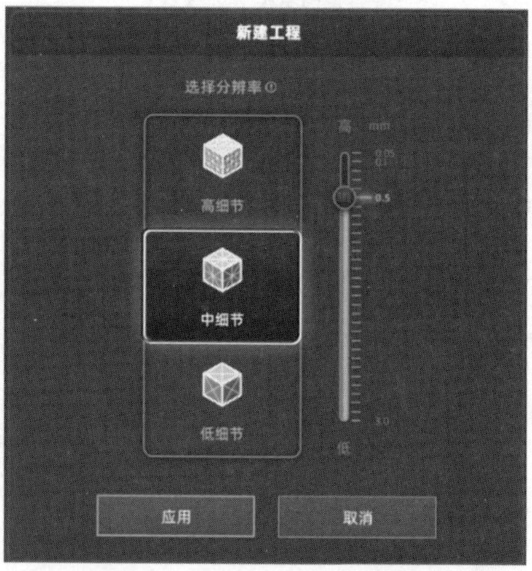

图 4-1-11   激光扫描分辨率设置界面

分辨率：分辨率越高，细节越好，选择不同分辨率对应着不同的点距，可拖动滑块到刻度尺其他位置，灵活选择点距，激光扫描点距范围为 0.1~3.0mm。选择"高细节"，可以采集更多物体数据，但计算时间较长，对计算机内存要求相对较高，见表 4-1-8。

表 4-1-8   双光源三维扫描仪激光扫描分辨率选择

分辨率	点距 /mm
高细节	默认对应点距为 0.2
中细节	默认对应点距为 0.5
低细节	默认对应点距为 1.0

4）单击"应用"按钮，进入扫描界面。可以在预扫或扫描过程中设置扫描参数，包括扫描距离、扫描对象、扫描亮度和数据设置。

调整扫描距离：扫描预览界面左侧有距离显示条，颜色为绿色时距离最佳。

调节扫描亮度：通过相机窗口或预览窗口直到可以看到完整、清晰的激光线，即表明亮度调节适宜，如图 4-1-12 所示。

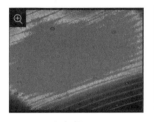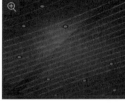

a) 太亮　　　　　　　　　b) 合适　　　　　　　　　c) 太暗

图 4-1-12　调整环境光亮度

5）单击设备上的 ▶ 按钮或软件上的"暂停"按钮暂停扫描。扫描完成后生成点云，随后会自动优化生成一个整体的点云数据。

6）单击 💾 按钮，将扫描数据保存。

学习情境 4-2　水陆两栖车逆向设计

> 4-1-7　水陆两栖车上盖扫描数据

📝 学习情境描述

前期已经完成了水陆两栖车上盖的曲面三维数据采集、三维点云数据预处理。本案例中水陆两栖车上盖的整体结构比较多（图 4-2-1），车身线条特征明显，外表面为自由曲面，内表面大部分是细节结构特征，如何利用逆向设计软件完成水陆两栖车上盖逆向曲面造型设计，并对产品进行创新设计，使其满足市场需求，使用更加方便舒适？

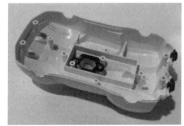

a) 正面　　　　　　　　　　　　b) 反面

图 4-2-1　水陆两栖车上盖

学习目标

一、知识目标

1. 理解复杂曲面逆向设计的基本流程和方法。

2. 熟悉逆向造型软件 Geomagic Design X 的常用曲面造型命令。

3. 理解逆向设计中模型精度和曲面质量之间的关系，并在设计中合理运用。

二、能力目标

1. 能够独立分析并制订使用 Geomagic Design X 软件进行水陆两栖车逆向设计的思路。

2. 能够熟练使用 Geomagic Design X 软件完成水陆两栖车上盖逆向设计。

3. 能够熟练掌握曲面质量评价的常用方法。

三、素养目标

1. 培养学生分解目标任务与实施思路规划的能力。

2. 培养学生独立分析和解决实际问题的实践能力。

3. 培养学生敬业的工作态度和较强的产品质量、产品精度控制意识。

任务书

利用学习情境 1 采集的点云数据，使用逆向建模软件，对给定的水陆两栖车上盖进行三维数字化建模（图 4-2-2）。要求实物的表面特征不得改变，合理还原产品数字模型，特征拆分合理，转角衔接圆润。优先完成主要特征，在完成主要特征的基础上完成细节特征，最后提交水陆两栖车上盖数字模型的源文件和 STP 格式文件，命名为"学号 + 姓名"。

数字模型精度对比： 学生逆向建模完成后，对数字模型进行精度对比，根据已完成的三维扫描数据 STL 文件和水陆两栖车上盖的逆向建模数字模型文件，完成 3D 比较上盖整体外观偏差显示，要求七段色谱图，临界值为 ±0.5mm，名义值为 ±0.15mm，使用点注释对三处平面上某处 1.5mm 范围内平均点误差大于 0.2mm 的位置进行注释。

2D 比较要求： 上盖纵向中间剖分面、前后轮中心面、结合面轮廓投影面等；创建 2D 尺寸要求：标注上盖纵向中间剖分面、前后轮中心面、结合面轮廓投影面等位置尺寸，形成 PDF 格式数字模型精度分析报告，命名为"学号 + 姓名"。

a) 上盖点云数据　　　　　　　　　　　　　　　　b) 上盖逆向设计结果

图 4-2-2　水陆两栖车上盖逆向设计

任务分组

学生任务分配表见表 4-2-1。

表 4-2-1 学生任务分配表

班级		组号		指导教师	
组长		学号		组长电话	
组员	姓名	学号		具体任务分工	

任务实施

引导问题 1：为什么逆向设计前必须建立精确的产品坐标系？本任务中的水陆两栖车上盖坐标系应该如何建立？需要哪些特征基础元素？

_____

_____

_____

引导问题 2：逆向设计软件 Geomagic Design X 可以利用点云直接面片拟合，使用这个命令是否可以完成所有曲面的创建？该命令主要应用在什么场合？

_____

_____

_____

引导问题 3：逆向设计软件 Geomagic Design X 中的 3D 草图和 3D 面片草图功能有什么区别？分别应用在什么场合？

_____

_____

_____

引导问题 4：对于边界复杂的曲面交接处，逆向设计软件 Geomagic Design X 的倒圆角命令是否能够限定边界？应该如何操作？

_____

_____

_____

引导问题 5：本任务的上盖产品结构左右对称，产品构造完外表面后，需要进行镜像处理，但在曲面的中心处常会出现凸起"折痕"，显得曲面不光顺，这主要是由什么原因引起的？逆向设计软件 Geomagic Design X 的镜像命令是否能够解决这样的问题？应该如何操作？

_____

_____

_____

_____

引导问题 6：本任务的上盖产品整体结构比较多，车身线条特征明显，在实践中经常会出现曲面不能增厚的情况，主要是什么原因造成的？应该如何处理？

_____

_____

_____

引导问题 7：逆向设计的曲面主要是根据点云进行数字模型的创建，需要保证模型与点云数据的精度和曲面质量，精度和质量是逆向设计中的主要考量因素，可以做到既保证精度又保证表面质量码？应如何平衡？

_____

_____

_____

_____

_____

引导问题 8：复杂曲面逆向设计过程中，有时会忘了设置曲面边界连接的连续性，保证相切，或者曲面完成后不知道是否满足光顺性要求，如何检查哪些部位没有做光顺处理？曲面质量评价的一般方法有哪些？

_____

_____

_____

_____

水陆两栖车逆向设计任务实施思路见表 4-2-2。

表 4-2-2　水陆两栖车逆向设计任务实施思路

实施步骤	主要内容	实施简图	操作视频
1	建立产品坐标系		4-2-1　建立产品坐标系

（续）

实施步骤	主要内容	实施简图	操作视频
2	创建上表面 1		4-2-2　创建上表面 1
3	创建上表面 2		4-2-3　创建上表面 2
4	创建侧围曲面 1		4-2-4　创建侧围曲面 1
5	创建侧围曲面 2		4-2-5　创建侧围曲面 2
6	创建上顶面		4-2-6　创建上顶面
7	创建车尾曲面		4-2-7　创建车尾曲面

（续）

实施步骤	主要内容	实施简图	操作视频
8	创建车头曲面		4-2-8 创建车头曲面
9	创建上盖实体 1		4-2-9 创建上盖实体 1
10	创建上盖实体 2		4-2-10 创建上盖实体 2
11	创建细节特征及倒圆角 1		4-2-11 创建细节特征及倒圆角 1
12	创建细节特征及倒圆角 2		4-2-12 创建细节特征及倒圆角 2
13	创建细节特征及倒圆角 3		4-2-13 创建细节特征及倒圆角 3

（续）

实施步骤	主要内容	实施简图	操作视频
14	创建内表面特征		4-2-14　创建内表面特征
15	构建最终实体		4-2-15　构建最终实体

评价反馈

　　首先，学生进行自评，评价自己能否完成本学习情境的学习目标，并按时完成实训报告等，检查任务有无遗漏，将结果填入表 4-2-3 中；然后，学生以小组为单位进行团队协作，对学习情境的实施过程与结果进行互评，将互评结果填入表 4-2-4 中；最后，教师对学生的工作过程与工作结果进行评价，评价内容包括工作过程相关学习目标是否达到，报告内容数据是否出自实训工作过程且真实合理，工作结果分析是否合理，是否养成良好的职业素养，项目成果报告是否表达准确、认识体会是否深刻等，并将评价结果填入表 4-2-5 中。

表 4-2-3　学生自评表

班级		姓名		学号		组别	
学习情境 4-2		水陆两栖车逆向设计					
评价指标		评价标准				分值	得分
产品坐标系建立		熟练操作软件完成水陆两栖车上盖坐标系的建立，要求数据定位合理，上盖安装底面与基准面重合				10	
逆向软件常用命令		熟练掌握逆向造型软件 Geomagic Design X 曲面造型常用命令及其基本功能				10	
上盖逆向设计		熟练掌握逆向造型软件 Geomagic Design X 常用命令完成水陆两栖车上盖的逆向造型设计				10	
特征拆分合理		合理还原产品数字模型，要求特征拆分合理、转角衔接圆润				10	
特征完成精度及曲面质量分析		对比实物观察，特征建模质量符合要求，熟练使用斑马线分析曲面连续性质量				10	
精度分析报告		熟练完成数字模型精度分析报告				10	

（续）

评价指标	评价标准	分值	得分
工作态度	态度端正，没有无故缺勤、迟到、早退现象	10	
工作质量	能按计划完成工作任务	10	
协调能力	能与小组成员、同学合作交流，协调工作	5	
职业素质	能做到安全生产、文明施工、爱护公共设施	10	
创新意识	通过学习逆向工程技术的应用，理解创新的重要性	5	
合计		100	
有益的经验和做法			
总结、反思和建议			

表 4-2-4　小组互评表

班级		组别		日期						
评价指标	评价标准	分值	评价对象（组别）得分							
			1	2	3	4	5	6		
信息检索	该组能否有效利用网络资源、工作手册查找有效信息	5								
	该组能否用自己的语言有条理地解释、表述所学知识	5								
	该组能否将查到的信息有效地运用到工作中	5								
感知工作	该组是否熟悉各自的工作岗位，认同学习情境的工作价值	5								
	该组成员在工作中是否获得了满足感	5								
参与状态	该组与教师、同学之间是否相互尊重和理解	5								
	该组与教师、同学之间是否能够保持多向、丰富、适宜的信息交流	5								
	该组能否处理好合作学习和独立思考的关系，做到有效学习	5								
	该组能否提出有意义的问题或发表个人见解，能否按要求正确操作	5								
	该组成员是否能够倾听、协作分享	5								
学习方法	该组制订的工作计划、操作技能是否符合规范要求	5								
	该组是否获得了进一步发展的能力	5								
工作过程	该组是否遵守管理规程，操作过程是否符合现场管理要求	5								
	该组平时上课的出勤情况和每天完成工作任务情况	5								
	该组是否善于多角度思考问题，能否主动发现、提出有价值的问题	15								
思维状态	该组是否能发现问题、提出问题、分析问题、解决问题、有创新思维	5								
自评反馈	该组是否能按时按质完成工作任务，并进行成果展示，是否较好地掌握了专业知识点	5								
	该组是否能严肃认真地对待自评，并能独立完成自评表格	5								
小组互评分数		100								

表 4-2-5　教师综合评价表

班级		姓名		学号		组别	
学习情境 4-2			水陆两栖车逆向设计				
评价指标		评价标准				分值	得分
线上学习 （20%）	视频学习	完成课前预习知识视频学习				10	
	作业提交	在线开放课程平台预习作业提交				10	
工作过程 （30%）	工件坐标系建立	熟练操作软件完成水陆两栖车上盖坐标系的建立，数据定位合理，上盖安装底面与基准面重合				5	
	逆向软件常用命令	熟练掌握逆向造型软件 Geomagic Design X 曲面造型常用命令及其基本功能				5	
	上盖逆向设计	熟练掌握逆向造型软件 Geomagic Design X 常用命令完成水陆两栖车上盖的逆向造型设计				5	
	特征拆分合理	合理还原产品数字模型，要求特征拆分合理、转角衔接圆润				5	
	特征完成精度及曲面质量分析	对比实物观察，特征建模质量符合要求，熟练使用斑马线分析曲面连续性质量				5	
	精度分析报告	熟练完成数字模型精度分析报告				5	
职业素养 （20%）	工作态度	学习态度端正，没有无故迟到、早退、旷课现象				4	
	协调能力	能与小组成员、同学合作交流，协调工作				4	
	职业素质	能做到安全生产、文明操作、爱护公共设施				4	
	创新意识	能主动发现、提出有价值的问题，完成创新设计				4	
	6S 管理	操作过程规范、合理，及时清理场地，恢复设备				4	
项目成果 （30%）	工作完整	能按时完成任务				10	
	任务方案	能按时完成水陆两栖车的逆向曲面造型设计				10	
	成果展示	能准确地表达、汇报工作成果				10	
合计						100	
综合评价		自评（20%）	小组互评（30%）	教师评价（50%）		综合得分	

💡 拓展视野

身边的榜样——盛国栋

2008 年 9 月，盛国栋进入浙江工业职业技术学院学习，高中时期打下的坚实基础成为他在大学参加学校集训的有利条件。经过长时间的训练，他的数控操作技能水平进一步提升，先后获得浙江省数控技能大赛冠军、第四届全国数控技能大赛亚军的优异成绩。2011 年初，盛国栋参加了第 41 届世界技能大赛中国集训队（图 4-2-3），在经历层层选拔和多轮淘汰赛后，他成为我国首批参加世界技能大赛的 6 位国家队选手之一，并于 2011 年 10 月参加在英国伦敦举办的第 41 届世界技能大赛获得数控车项目优胜奖，出色地完成了中国青年在世界技能奥林匹克舞台上的首次亮相。

2011 年 10 月，盛国栋留校任教，成为一名教师。2012 年，他参加了浙江省数控技能大赛数控车工项目教师组的比赛，比赛中以绝对优势夺得数控车工教师组第一名，荣获"浙江省技术能手"称号。同年获人力资源和社会保障部授予的"全国技术能手"荣誉称号，直接晋升为"数控车工高级技师"职业资格，获得绍兴市"高技能领军人才"和浙江省 C 类人才认定。

图 4-2-3　盛国栋参加第 41 届世界技能大赛

自 2012 年以来，盛国栋先后指导学生获省级一类竞赛一等奖 12 人次，国家级一类竞赛一等奖 9 人次、二等奖 4 人次，并有多人获"全国技术能手""浙江省技术能手"等荣誉。

2023 年 3 月，教育部党组书记、部长怀进鹏莅临浙江工业职业技术学院考察调研，深入智能制造生产实训中心、世界技能大赛数控车项目中国集训基地等地听取情况介绍，观摩成果与技术展示。在世界技能大赛中国集训基地，怀进鹏与学校优秀毕业生盛国栋亲切交流，了解他当年代表中国首次参加世界技能大赛并获奖的情况，肯定了他在人才培养和技术技能竞赛等方面所取得的成绩，并希望这份技能传承辐射更多学生。

🖳 学习情境相关知识点

知识点 1：Geomagic Design X 逆向设计常用命令

1. 圆角命令

圆角命令的主要功能是在实体或曲面体的边界上创建圆角特征。具体操作步骤如下：

1）单击菜单栏中的"模型"，选择编辑模块的"圆角"，弹出的对话框如图 4-2-4 所示。

2）单击"固定圆角"，再单击"要素"，选择需要倒圆角的边，定义倒圆角半径，可单击 🔆 按钮由面片估算半径，得出结果后取整数。

3）单击"√"按钮完成固定圆角命令。

图 4-2-4　固定圆角对话框

4）如果圆角不是固定的，可以使用"可变圆角"命令。单击"可变圆角"，再单击"要素"，选择需要倒圆角的边，在选中的边线上选择可变圆角的不同位置点，可以拾取一个中间点以添加控制点，并通过拖动或输入值对其进行编辑，如半径 3mm，位置 50%，根据产品形状添加不同的控制点，所选的边缘形状将发生变化，以反映输入的值，如图 4-2-5 所示。

5）单击"√"按钮完成可变圆角命令。

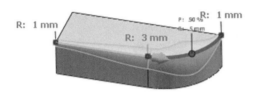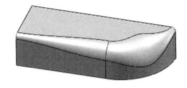

图 4-2-5　可变圆角命令

6）如果两个曲面之间需要倒圆角，可以使用"面圆角"命令，如图 4-2-6 所示。单击"面圆角"，再单击"要素"，选择需要倒圆角的边，当面圆角形状简单、为固定值时，直接输入数值定义倒圆角半径，当面圆角形状复杂、边界变化时，可以自定义"保持线"来控制圆角的形状，选择一条实体边或曲线作为面圆角形状溢出保持线的边界。圆角的半径由保持线和倒圆角的边之间的距离驱动。"不对称"选项可创建与圆角形状相反的对称保持线，并且可用于创建不同的保持线。

7）单击"√"按钮完成面圆角命令。

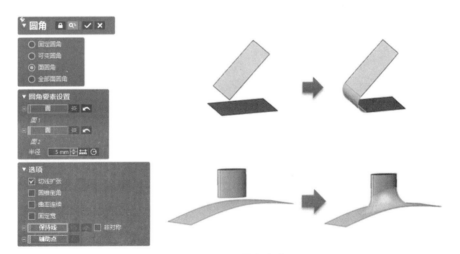

图 4-2-6　面圆角命令

8）如果三个相邻曲面之间需要倒圆角，可以使用"全部面圆角"命令，如图 4-2-7 所示。单击"全部面圆角"，分别选择左侧面、中心面、右侧面，从而创建与三个相邻面相切的圆角。

9）单击"√"按钮完成全部面圆角命令。

2. 曲面偏移命令

曲面偏移命令的作用是根据所选面或实体创建新的偏移曲面或实体。所选曲面从原始曲面偏移用户定义的距离，但仍然会保留原始形状。具体操作步骤如下：

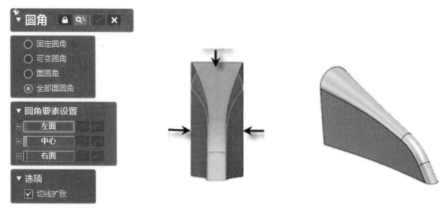

图 4-2-7　全部面圆角命令

1）单击菜单栏中的"模型"，选择编辑模块的"曲面偏移"命令，弹出的对话框如图 4-2-8 所示。

2）单击"面"，选择需要偏移的面，定义"偏移距离"，偏移距离若为 0，选择"删除原始面"相当于"提取"出选中面；不选择"删除原始面"，相当于"复制"选中面；若选中实体的某个面，选择"删除原始面"，实体会转换成片体。

3）单击"√"按钮完成曲面偏移命令。

> **注意**：曲面偏移可用于"提取"出已经缝合的面进行单独编辑，可用于具有复杂曲面实体抽壳无法进行时，通过偏移曲面来达到抽壳的效果，提取的曲面应尽量光顺。

图 4-2-8　曲面偏移对话框

3. 剪切曲面命令

剪切曲面命令的作用主要是运用剪切工具将曲面体剪切成片。剪切工具可以是曲面、实体或曲线，可手动选择需要保留的曲面片体。具体操作步骤如下：

1）在菜单栏中单击"模型"，选中编辑模块的"剪切曲面"，弹出"剪切曲面"对话框，如图 4-2-9 所示。

2）单击"工具"，选择需要作为工具的曲面，完成后单击"对象"，选择需要作为修剪对象的曲面，两者选择完毕后单击 ➡ 按钮进入下一阶段。

3）选中需要作为结果的保留体（高亮显示的即为保留体）。

4）单击"√"按钮完成剪切曲面操作。

> **要点**：可在"修剪曲面"对话框中不勾选"对象" 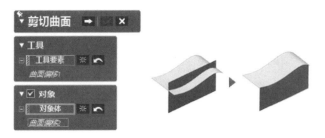，而在"工具"中选择需要修剪的两个面，此时两个面互相修剪，修剪出的面自动成为一个面，不需要缝合（需要其中某个面时可选择曲面偏置）。

图 4-2-9　剪切曲面对话框

4. 镜像命令

镜像命令的作用主要是镜像有关面或面的单个特征。具体步骤如下：

1）单击菜单栏中的"模型"，选择阵列模块的"镜像"命令，弹出的对话框如图 4-2-10 所示。

2）单击"体"，选择需要镜像的体或面，再单击对称平面，选择需要用作对称面的对象。

3）单击"√"按钮完成镜像命令。

> **要点**：上述情况下镜像的面或实体边缘处若与镜像面垂直，两实体或面片合并缝合时不会留下镜像面处的分割线；反之，则会留下镜像面处的分割线。镜像面处的分割线问题可使用"镜像"中的"相切"命令解决。

4）在"镜像"命令中勾选"剪切 & 合并"，单击"相切（G1）"，再单击右侧"All"，可自动选择镜像处的面。若显示"没有镜像的剪切体"，请检查切向方向，单击图中箭头使其反向即可。

5）单击"√"按钮完成镜像命令。

> **要点**："相切 & 合并"命令使用后会改变部分面形状，改变后的面需要重新修剪。

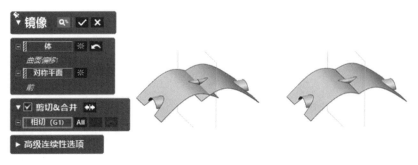

图 4-2-10　镜像对话框

5. 样条曲线命令

样条曲线命令用于在网格上或自由三维空间中创建三维曲线。该命令在"3D 草图"模式和"3D 面片草图"模式下都可用。

"样条曲线"命令主要用于以下情况：

1）为边界拟合曲面创建曲线网络。

2）为扫掠或放样实体创建路径。

3）从头开始创建用户设计的原始形状，而不是复制现有对象的形状。

在构建复杂曲面时，常用 3D 草图中的"样条曲线"命令，结合"平滑"和"投影"命令来构造扫掠或放样的截面线，具体步骤如下：

1）在菜单栏中单击"3D 草图"，在设置模块中选择"3D 草图"（非 3D 面片草图），进入 3D 草图模式，如图 4-2-11 所示。

图 4-2-11　3D 草图工具栏

2）单击"样条曲线"，在需要画 3D 样条曲线的点云面上单击，连接成 3D 曲线，如图 4-2-12 所示。

图 4-2-12　样条曲线命令

3）单击编辑模块中的"平滑"命令，弹出"平滑"对话框，在对话框中选择"整体"，再单击"曲线"，选择所绘的 3D 样条曲线，根据情况，在"平滑"工具栏拖动块调整平滑程度，如图 4-2-13 所示。

4）单击"√"按钮完成平滑操作，结果如图 4-2-14 所示。注意：3D 曲线平滑后，部分点、线会离开或陷入面片，此时需要使用投影命令使 3D 曲线贴合面片表面。

图 4-2-13　平滑命令

图 4-2-14　3D 样条曲线平滑结果

5）单击绘制模块中的"投影"命令，弹出"投影"对话框，在对话框中单击"曲线 / 节点"，选择所绘 3D 曲线，单击"对象要素"，选择面片文件，在"投影法"中单击"最小距离"，如图 4-2-15 所示；单击"√"按钮完成投影命令。

图 4-2-15　投影命令

6）如果需要两条 3D 样条曲线相交，选择图 4-2-16 所示的两条 3D 样条曲线，单击结合模块中"相交"旁的"OK"按钮可使两样条曲线相交。如果两相交曲线距离过远，会出现单击无用的情况，可以在"相交"后的输入框中修改许可的偏差距离值，即可完成相交。

图 4-2-16　结合命令

知识点 2：复杂曲面逆向设计的基本思路

产品的外观曲面可以分为基础曲面和过渡曲面，产品的整体外观表现就是这些基础曲面与过渡曲面组合后的变化。基础曲面是指产品外观中面积较大且具有较大曲率半径和一致凸凹曲率趋势的曲面，它是构成产品外观的基础部分，有时也是产品各功能区域划分的基础。过渡曲面是两个或多个曲面间的连接曲面，一般表现为形状狭长、曲率大、曲率变化急剧。过渡曲面的主要作用是连接基础曲面，协调基础曲面间的过渡关系。

对于曲面质量而言，对基础曲面质量的要求较高，既要求保证曲面重塑精度，又要求曲面有很好的光顺性，不能出现不良反射现象；而对于过渡曲面，则要求尽量光顺，不能出现褶皱。在生成基础曲面后需要进行一定的质量评测，设计人员可根据经验目测评估曲面质量。同时，逆向设计软件中也提供了许多方便、准确的查询质量的工具，用于帮助设计者随时检查曲面的精确性与光顺性。

知识点 3：逆向设计中的主要矛盾：建模精度和曲面质量

逆向设计的关键是根据点云进行数据模型的创建，因此需要保证模型与点云数据的精度和质量，建模精度和曲面质量是逆向设计中的主要矛盾，既要保证精度，又要保证表面质量是不可能的，只能二选一。如果需要保证表面精度，也就是说表面与点云的偏差要在 0.1mm 以内，那么表面的质量一定很难保证，在做逆向设计时，很多人都会盲目地去贴合点云，也就是常说的贴面，模型精度做得很好，但是产品表面质量不太理想。逆向设计就是在保证曲面质量和建模精度之间取得平衡。

逆向设计的目的是通过逆向手段复原模型原来的数据效果，什么是复原？就是从原始设计者的角度看待这个零件，了解他在设计时是如何做的，是用什么方法实现的，如果能够通过点云完全理解设计者的思路，就可以利用正常的方式进行逆向设计了。

在汽车新产品研发时，需要根据油泥师的油泥模型，完成整车造型数字模型（汽车 A 面）的转化，这块对逆向的要求极高，需要保证数字模型和点云的精度，还要保证表面质量和 A 面数据的工程化要求，这是逆向设计中对设计能力的最高要求。

知识点 4：复杂曲面逆向建模的误差分析方法

复杂曲面逆向设计完成后，常用的检查曲面是否光顺的方法如下：

1）如果是简单的曲面模型，可以直接用肉眼观察，例如，如果两个网格曲面没有执行"相切（G1）"操作，那么进入着色模式后，能看见它们中间有明显的断层，这就是不光顺的表现。

2）如果通过肉眼观察不能准确判断，可以用斑马线分析进行判断。单击绘图区域上方工具中的"环境写像"命令，如图 4-2-17 所示，这个"环境写像"命令就是常用的斑马线分析，将黑白相间的斑马纹投射到部件上，以帮助评判曲面之间的连续性。使用此工具来识别曲面创建过程中的质量问题并加以修正。

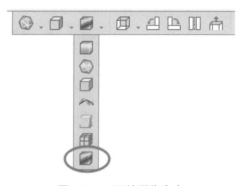

图 4-2-17　环境写像命令

如果没有做到相切连续性，斑马线会有断层，即斑马线不相交，这样的面就是通常所说的连接不光顺，如图 4-2-18a 所示。如果两个面连接做到切线连续（G1），那么斑马线将是一条完整的线，如图 4-2-18b 所示。

在一些曲面质量要求高的情况下，如汽车覆盖件高可见区域，曲面连接必须是曲率连续（G2）的。用斑马线分析曲率连续的光滑过渡曲面时，在该显示区域 S 形状的斑马线是比较理想的，属于二阶以上连续，如图 4-2-19 所示。如果形状是 Z 形的，则为一阶或以下连续，必须进行优化。

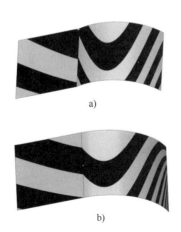

图 4-2-18　斑马线分析结果

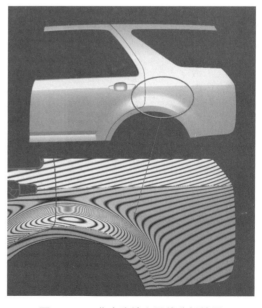

图 4-2-19　曲率连续斑马线分析结果

学习情境 4-3　水陆两栖车结构设计

学习情境描述

水陆两栖车由上盖、下盖、电池、电动机、开关和车轮等多个组件构成，如图 4-3-1 所示。电动机产生的动力通过车轮转变成其行进的推力，以克服水陆两栖车在陆地或水中前行的阻力。其外形由多个规则和不规则平面或曲面构成。

前期学习情境已经完成了水陆两栖车上盖的三维数据采集和逆向造型设计，项目要求产品外形参考原有上盖外形，考虑到生产的经济性，从市场上采购部分配件，完成水陆两栖车的结构设计。

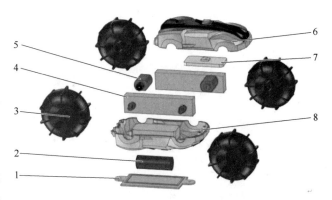

图 4-3-1　水陆两栖车结构示意图
1—电池盖　2—电池　3—车轮　4—齿轮箱
5—电动机　6—上盖　7—开关　8—下盖

学习目标

一、知识目标

1. 理解产品结构设计的一般原则。

2. 掌握齿轮传动设计的步骤和方法。

3. 掌握产品结构设计的要点和设计技巧。

二、能力目标

1. 能够独立分析并制订水陆两栖车产品结构设计的思路。

2. 能够熟练完成水陆两栖车齿轮传动机构的设计。

3. 能够使用常用的三维设计软件进行水陆两栖车产品结构设计。

三、素养目标

1. 培养学生分解目标任务与实施思路规划能力。

2. 培养学生独立分析和解决实际问题的实践能力。

3. 培养学生踏实细致的工作作风和精益求精的工匠精神。

任务书

本任务要求设计的水陆两栖车总体布置如图 4-3-2a 所示，外形尺寸：长150mm 左右，宽 140mm 左右，总高 80mm 左右，轴距由车身上盖模型决定。

根据总体布置方案及选定的配件，结合产品结构设计、机械制图、模具设计与制造、人体工程学、3D打印等课程的相关知识，使用提供的电动机、车轮、电池、遥控器及接收板、开关，进行水陆两栖车结构和功能设计，可选用标准件，最终完成整体三维造型，并进行三维虚拟装配。

根据要求对水陆两栖车下盖、传动系统、传动系统壳体、电动机安装壳体进行设计，具体设计要求如下。

1. 传动系统设计

传动系统包括齿轮、轴、支承板等零件，要求根据图4-3-2a所示的传动路线示意图，根据电动机参数设计传动系统，采用三级直齿圆柱齿轮减速传动，总传动比为35~40，每级传动比为2~4，四轮均为驱动轮，同一侧的车轮用一个电动机驱动，前后两轮转速和方向一致。

所有轴与孔采用基孔制间隙配合，轴孔公差不大于8级，将电动机安装在电动机保护壳中，然后连接到传动支承板上。要求电动机做防水密封处理；结构合理，轴与齿轮定位准确、传动可靠；设计电动机安装壳体与传动支承板连接可靠，保证密封。

2. 行走系统设计

设计行走系统要求使用提供的车轮等配件。

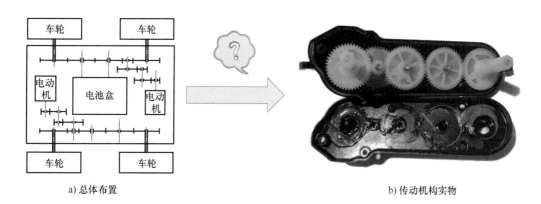

a) 总体布置   b) 传动机构实物

图 4-3-2 水陆两栖车结构设计

3. 车身下盖设计

车身下盖外形与上盖外轮廓形状吻合，下盖与上盖轮廓布局风格类似、外形美观。信号接收PCB板安装在上盖内部，要求在下盖上设计电池安装盒，需要保证电池盒安装可靠，电池安装方便且有固定密封结构，电池安装时不需要拆装电池盒盖以外的零部件。

根据传动系统、行走系统、上盖的连接安装要求设计车身下盖内部结构，使各系统合理定位安装在车身上连接成一个整体。要求传动系统定位合理、连接可靠，上、下盖之间的结合面吻合度高。

4. 装配图及零件图绘制

根据水陆两栖车结构设计结果，生成总体装配图及传动系统左、右支承板、电动机安装前端壳体、电动机安装后端壳体及第二级传动双联齿轮的零件图。要求装配关系表达清晰正确，配合公差表达正确，视图选择合理，并且有爆炸图。

5. 从市场采购的水陆两栖车配件

（1）电动机及信号接收 PCB 板　图 4-3-3 所示为电动机及信号接收 PCB 板外观与接线图，该电动机为直流电动机，其噪声低、起动电流小。电动机外形参数经直接测量实物，外形尺寸为 20mm×15mm×35mm，接收板外形尺寸为 66.5mm×30.5mm×4.5mm，接收板上带电源开关，此配件通过螺钉直接安装在水陆两栖车上盖结构内即可。

（2）电池　图 4-3-4 所示为电池外观，主要参数为 ϕ15mm×50mm、900mA·h、3.7V。

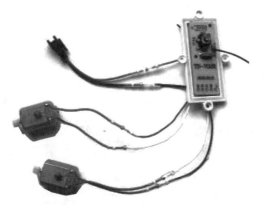

图 4-3-3　电动机及信号接收 PCB 板外观与接线

图 4-3-4　电池外观

（3）车轮　图 4-3-5 所示为车轮外观，该车轮为空心结构，采用螺旋桨排水车轮，螺旋桨结合外圈橡胶防滑带，可以随时随地切换游玩场地，轮胎内部为 ABS 塑料，外径尺寸经测量为 ϕ70mm，车轮孔径为 ϕ11mm，车轮用螺钉从侧面固定在动力输出轴上。

图 4-3-5　车轮外观

（4）传动轴　提供 10 根 ϕ3mm 传动轴，学生根据设计需求选用合适的长度自行测量处理。

（5）密封圈　图 4-3-6 所示为电池盖密封圈，数量 1 个，外框尺寸为 63mm×

36mm×2mm，内框尺寸为58mm×31mm×2mm。

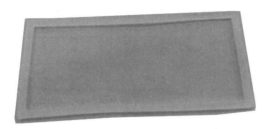

图 4-3-6 电池盖密封圈

任务分组

学生任务分配表见表 4-3-1。

表 4-3-1 学生任务分配表

班级			指导教师	
组长			组长电话	
组员	姓名	学号	具体任务分工	

任务实施

引导问题 1：为了保证车身下盖外形与上盖外轮廓形状吻合，轮廓布局风格类似，能否直接将上盖镜像操作得到下盖?

_____

_____

_____

引导问题 2：常用的传动机构有哪些? 各有什么优缺点? 你认为本任务的水陆两栖车应该采用哪种传动方式? 请说明原因。

_____

_____

_____

引导问题 3：设计齿轮组时传动比应该如何计算？为了保证传动平稳，齿轮轴与孔之间的公差配合等级应如何选择？

_____

_____

_____

_____

引导问题 4：如何保证齿轮组输出轴与车轮之间安装稳定、可靠？

_____

_____

_____

_____

引导问题 5：本任务的水陆两栖车为四轮驱动，并能实现 360° 旋转，请结合图 4-3-2a 所示的传动路线示意图，小组讨论如何控制传动系统来实现。

_____

_____

_____

_____

引导问题 6：产品结构设计的一般原则是什么？小组讨论本任务中的水陆两栖车应该如何进行产品结构设计。

_____

_____

_____

_____

引导问题 7：本任务中的水陆两栖车需要在水中使用，要求电池盒和电池盖具有防水功能。在产品结构设计上，如何设计密封防水结构？

_____

_____

_____

_____

引导问题 8：产品装配图一般需要包含哪些内容？小组讨论本任务中的水陆两栖车根据使用要求应如何绘制装配图。

_____

_____

_____

_____

引导问题 9：零件图一般需要包含哪些内容？小组讨论本任务中的水陆两栖车相关零件公差应如何确定。

_____

_____

_____

_____

水陆两栖车结构设计任务实施思路见表 4-3-2。

表 4-3-2　水陆两栖车结构设计任务实施思路

实施步骤	主要内容	实施简图	操作视频
1	根据上盖逆向设计结果，镜像后修剪中间过渡曲面后，设计下盖外曲面	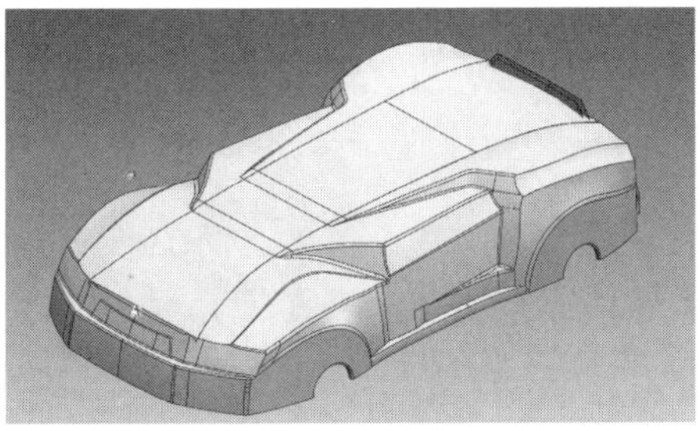	4-3-1　下盖外曲面设计
2	根据上盖特征完成下盖细节特征设计	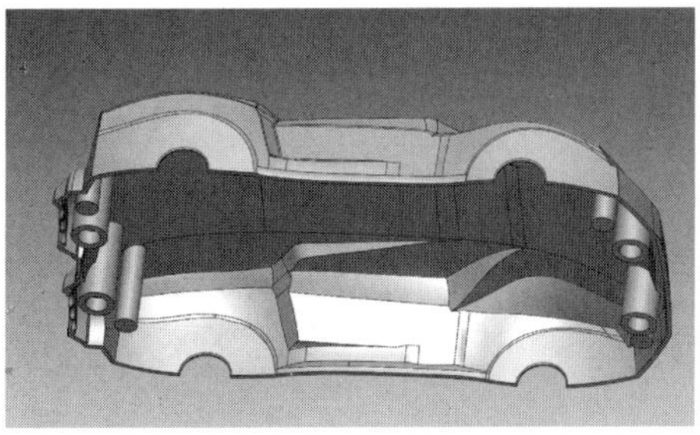	4-3-2　下盖细节特征设计
3	根据提供的电池外形尺寸完成下盖电池盒盖设计	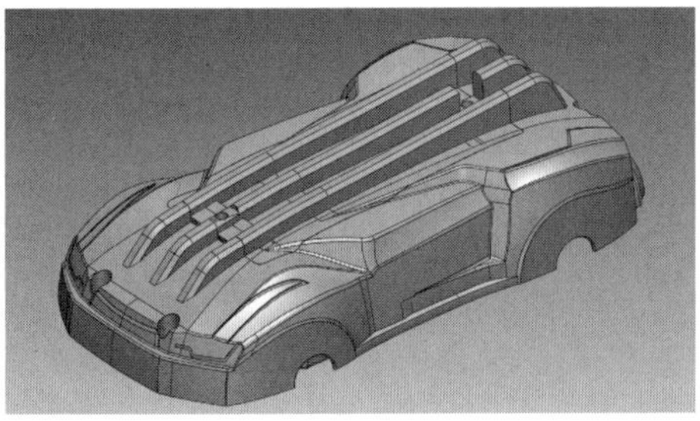	4-3-3　下盖电池盒盖设计
4	根据配合特征完成下盖内部的电池盒、密封圈等安装位置的配合设计	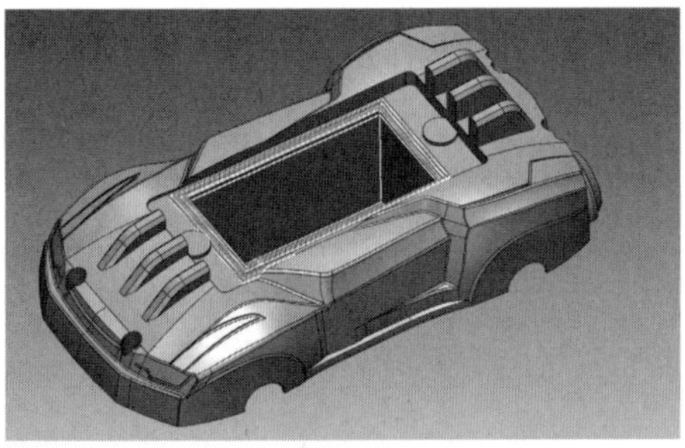	4-3-4　安装位置设计

（续）

实施步骤	主要内容	实施简图	操作视频
5	将 DX 中的三维模型导出 STP 格式后导入中望三维软件，使用中望软件的提取几何图形命令逐个提取生成单独零件		4-3-5 导入中望三维软件
6	根据上、下盖相关特征边进行投射，设计齿轮箱外形		4-3-6 齿轮箱外形设计
7	测量电动机外形尺寸，设计电动机外壳，并和齿轮箱结合设计出完整的齿轮箱形状，进行抽壳得到齿轮箱主体		4-3-7 齿轮箱外形主体设计
8	根据前、后轮轴间距设计齿轮，确定啮合后的齿轮尺寸，画出草图以便于后面调取齿轮		4-3-8 齿轮传动机构草图设计
9	绘制齿轮箱上、下盖连接的过渡结构，使用凸柱与止口加固连接（齿轮箱上盖配合结构设计）		4-3-9 齿轮箱上、下盖配合结构设计

（续）

实施步骤	主要内容	实施简图	操作视频
10	保证齿轮箱与下盖连接牢固，创建平面投影绘制凸柱轮廓、螺钉孔固定位置，设计齿轮箱下盖配合结构		4-3-10 齿轮箱上、下盖安装孔位设计
11	使用中望三维软件齿轮命令，调入各个传动齿轮		4-3-11 调入传动齿轮
12	齿轮传动机构设计，通过驱动参数来实现仿真动画验证		4-3-12 齿轮传动机构运动仿真
13	复制零部件，完成另外一侧的齿轮箱设计及装配		4-3-13 两侧齿轮箱设计及装配
14	绘制车轮，设计扇叶结构以便在水上行走		4-3-14 车轮设计

（续）

实施步骤	主要内容	实施简图	操作视频
15	安装四个车轮，完成整车装配		4-3-15　整车装配
16	通过展示动画以及装拆动画观察整车设计模型		4-3-16　整车拆装展示动画

评价反馈

首先，学生进行自评，评价自己能否完成本学习情境的学习目标，并按时完成实训报告等，检验任务有无遗漏，将结果填入表 4-3-3 中；然后，学生以小组为单位进行团队协作，对学习情境的实施过程与结果进行互评，将互评结果填入表 4-3-4 中；最后，教师对学生的工作过程与工作结果进行评价，评价内容包括工作过程相关学习目标是否达到，报告内容数据是否出自实训工作过程且真实合理，工作结果分析是否合理，是否养成良好的职业素养，项目成果报告是否表达准确、认识体会是否深刻等，并将评价结果填入表 4-3-5 中。

表 4-3-3　学生自评表

班级		姓名		学号		组别	
学习情境 4-3			水陆两栖车结构设计				
评价指标		评价标准			分值		得分
产品结构设计原则及方法		理解产品结构设计的一般原则及方法			10		
齿轮传动设计		掌握齿轮传动设计的步骤和方法，完成水陆两栖车传动齿轮组设计			10		
下盖结构设计		下盖外形与上盖外轮廓风格类似、外形美观，内部设计电池盒，便于电池拆装，拆装时不损坏零部件			10		
传动机构壳体结构设计		传动机构位置布局合理，传动机构壳体便于加工和齿轮组定位安装			10		
防水功能设计		电池安装位置、电池盖与电池盒之间布局合理，安装稳定可靠，具有密封防水结构			10		

（续）

评价指标	评价标准	分值	得分
装配图和零件图	熟练操作软件完成水陆两栖车的装配图和零件图	10	
工作态度	态度端正，没有无故缺勤、迟到、早退现象	10	
工作质量	能按计划完成工作任务	10	
协调能力	能与小组成员、同学合作交流，协调工作	5	
职业素质	能做到安全生产、文明施工、爱护公共设施	10	
创新意识	通过学习逆向工程技术的应用，理解创新的重要性	5	
合计		100	

有益的经验和做法	
总结、反思和建议	

表 4-3-4　小组互评表

班级		组别		日期					
评价指标	评价标准		分值	评价对象（组别）得分					
				1	2	3	4	5	6
信息检索	该组能否有效利用网络资源、工作手册查找有效信息		5						
	该组能否用自己的语言有条理地解释、表述所学知识		5						
	该组能否将查到的信息有效地运用到工作中		5						
感知工作	该组是否熟悉各自的工作岗位，认同学习情境的工作价值		5						
	该组成员在工作中是否获得了满足感		5						
参与状态	该组与教师、同学之间是否相互尊重和理解		5						
	该组与教师、同学之间是否能够保持多向、丰富、适宜的信息交流		5						
	该组能否处理好合作学习和独立思考的关系，做到有效学习		5						
	该组能否提出有意义的问题或发表个人见解，能否按要求正确操作		5						
	该组成员是否能够倾听、协作分享		5						
学习方法	该组制订的工作计划、操作技能是否符合规范要求		5						
	该组是否获得了进一步发展的能力		5						
工作过程	该组是否遵守管理规程，操作过程是否符合现场管理要求		5						
	该组平时上课的出勤情况和每天完成工作任务情况		5						
	该组是否善于多角度思考问题，能否主动发现、提出有价值的问题		15						

（续）

评价指标	评价标准	分值	评价对象（组别）得分					
			1	2	3	4	5	6
思维状态	该组是否能发现问题、提出问题、分析问题、解决问题、有创新思维	5						
自评反馈	该组是否能按时按质完成工作任务，并进行成果展示，是否较好地掌握了专业知识点	5						
	该组是否能严肃认真地对待自评，并能独立完成自评表格	5						
小组互评分数		100						

表 4-3-5 教师综合评价表

班级		姓名		学号		组别	
学习情境 4-3			水陆两栖车结构设计				
评价指标		评价标准				分值	得分
线上学习（20%）	视频学习	完成课前预习知识视频学习				10	
	作业提交	在线开放课程平台预习作业提交				10	
工作过程（30%）	产品结构设计原则及方法	理解产品结构设计的一般原则及方法				5	
	齿轮传动设计	掌握齿轮传动设计的步骤和方法，完成水陆两栖车传动齿轮组设计				5	
	下盖结构设计	下盖外形与上盖外轮廓风格类似，外形美观，内部设计电池盒，便于电池拆装				5	
	传动机构壳体结构设计	传动机构位置布局形状合理，传动机构壳体便于加工和齿轮组定位安装				5	
	防水功能设计	电池安装位置、电池盖与电池盒之间布局合理，安装稳定可靠，具有密封防水结构				5	
	装配图和零件图	熟练操作软件完成水陆两栖车的装配图和零件图				5	
职业素养（20%）	工作态度	学习态度端正，没有无故迟到、早退、旷课现象				4	
	协调能力	能与小组成员、同学合作交流，协调工作				4	
	职业素质	能做到安全生产、文明操作、爱护公共设施				4	
	创新意识	能主动发现、提出有价值的问题，完成创新设计				4	
	6S 管理	操作过程规范、合理，及时清理场地，恢复设备				4	
项目成果（30%）	工作完整	能按时完成任务				10	
	任务方案	能按时完成水陆两栖车点云数据预处理				10	
	成果展示	能准确地表达、汇报工作成果				10	
合计						100	
综合评价		自评（20%）	小组互评（30%）		教师评价（50%）	综合得分	

🔅 拓展视野

从普通钳工到智能装备研发专家

"心中怀有梦想，脚下充满力量"——广西汽车集团有限公司钳工郑志明当选 2022 年"大国工匠年度人物"，从普通钳工到智能装备研发专家，郑志明在平凡的岗位上用青春力量伴随着中国制造阔步前行。

二十多年磨一剑。1997 年，郑志明进入广西汽车集团，成为一名钳工学徒，研磨、锉削、划线、钻削，年复一年，郑志明在与钢铁对话中练就了精湛技艺，对零部件的加工精度可以控制在 0.002mm，这相当于头发丝的 1/40。正是这些技艺，在最考验钳工功力的设备装配和调试中，让郑志明能够得心应手。

2018 年，40 岁的郑志明挑起大梁，带头承担广西汽车集团车桥厂的微型汽车后桥壳自动化焊接生产线的攻关研发任务。这条生产线由机加工、机件焊接工作站等 20 多道工序组成，每一台设备的零部件都是靠手工组装调试完成的。从整体布局到每个环节的设计，再到零部件的加工、装配，这一庞大、复杂工程的每一道工序，都凝结了郑志明的心血。这条填补了国内空白的生产线，是郑志明和工友们心中的骄傲。

在企业发展和汽车制造业发展的艰难历程中，郑志明凭借深厚的技术功底一次次攻克难关，即使是外国专家无法解决的难题，他也总是能沉下心来扫清障碍。他骄傲地说："靠咱们的力量也不输给别的汽车制造发达国家，我对国家汽车制造业发展充满信心。"

除了自身追求卓越、精益求精，郑志明还注重"传帮带"。2014 年，以郑志明的名字命名的国家级技能大师工作室成立，他带领团队先后自主研制完成工艺装备 900 多项，参与设计制造自动化生产线 10 多条。在他的"传帮带"指引下（图 4-3-7），一批创新型人才逐渐成长为汽车机械师。"只有不断学习各种技能，掌握更多先进技术，才能与时代同行，把中国的智能制造推向世界。"郑志明说。

郑志明表示，他将坚定不移地走自主创新发展之路，把创新发展的主动权牢牢掌握在自己手中，按照习近平总书记指明的方向奋勇前进，攻克更多"卡脖子"技术，实现科技自立自强，自主生产出更多、更好、更有竞争力的产品。

图 4-3-7　郑志明在指导年轻技师

📑 学习情境相关知识点

知识点 1：产品结构设计的基本原则

1. 材料的合理选择

任何产品都由材料组成。在产品设计时，首要考虑的是材料的合理应用。材料不仅取决于产品的基本功能，还取决于产品的价格。因此，应根据产品应用领域、产品市场定位和产品功能选择材料。

2. 结构设计的合理性

产品结构设计并不是越繁杂越好，在达到产品功能要求的前提下，结构越简洁明了越好，因为越简洁的结构在生产制造和安装时越简单。进行产品结构设计时，相应的结构必须简单实用，包括所有固定按钮、加强筋、卡扣、螺柱等。

3. 模具结构设计的简化

产品外观及结构设计完成后，设计并制造模具进行注射成型，开展产品外观设计时，必须确保产品能够根据模具进行加工。如果产品结构设计安全可靠，模具却无法完成或难以完成，也是不符合要求的结构。作为结构设计师，要了解模具的主要结构、产品注射成型方法、脱模形式等，只有这样才能在设计产品外观时尽可能地简化模具结构。

产品结构设计是针对产品内部结构、机械部分进行的设计。产品要实现其各项功能，必须有合理的结构。结构设计是机械设计的基本内容之一，也是整个产品设计过程中最复杂的工作环节之一，在产品形成过程中，起着至关重要的作用。

知识点 2：产品结构设计的基本知识——壁厚

壁厚的大小取决于产品需要承受的外力、是否作为其他零件的支承、承接柱位的数量、伸出部分的长度，以及选用的材料。一般的热塑性塑料，壁厚应以 4mm 为限。从经济的角度来看，过厚的产品会增加物料成本，延长生产周期，增加生产成本；从产品设计的角度来看，过厚的产品会增加产生气孔的可能性，大大削弱产品的刚性及强度。

1. 平面准则

最理想的壁厚分布无疑是剖切面在任何一个部位都是均一的厚度，均一的壁厚是非常重要的。但是，为了满足功能上的需求以致壁厚有所改变总是不可避免的，应尽量设计成渐次改变，并且变化量不应超过壁厚的 3 倍。在此情形下，由厚塑料的地方过渡到薄塑料的地方应尽可能顺滑。壁厚的急剧转变会导致因冷却速度不同和产生乱流而造成尺寸不稳定与表面问题。

2. 转角准则

壁厚均一的要求在转角部位也同样适应，以免冷却时间不一致。冷却时间长的地方会有收缩现象，从而引发部件变形和挠曲。此外，尖锐的圆角通常会导致部件有缺陷及应力集中，尖角的位置也常在电镀过程中引起不希望的物料聚积。应力集中的地方会在受负载或撞击的时候破裂。可以采用较大的圆角来解决上述问题，不但可以避免应力集中，而且可使塑料流动得更顺畅且成品脱模时更容易。

知识点 3：产品结构设计的基本知识——卡扣

卡扣是一种用于两个零件连接的非常简单、经济且快速的连接锁定方式，在强度要求不高的情况下可代替螺钉固定。扣位设计在于"扣"，需要结合紧密，保证测试强度，达到安装目的即可。卡扣常用于装饰件固定、面壳与底壳组装、屏幕固定、按键限位、盖体扣合等结构处。

　　所有类型的卡扣接头都应用一个共同的原理，即一个部件的突出卡钩在连接操作过程中会短暂地偏转，并在配合部件的凹陷处卡住。在设计卡扣时，特别需要考虑装配过程中的操作力和拆除过程中的拆除力。卡扣的设计有很大的灵活性，由于在配合过程中需要一定的弹性，故卡扣连接结构常用在塑料零件上。

　　卡扣主要有如下五种基本形式。

1. 悬臂卡扣

　　悬臂卡扣装配时主要承受弯曲力，图 4-3-8 所示的卡扣连接方式具有很大的保持力，同时从箭头所指缺口处按压悬臂卡扣，也可以实现轻松拆卸。

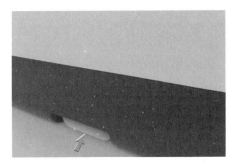

图 4-3-8　按压拆卸悬臂卡扣

　　图 4-3-9 所示的面板模块上的四边悬臂卡扣可将模块牢牢地固定在底座上，同时扣合面带有一定斜度，需要时仍可将模块移除。图 4-3-10 所示的非连续环形卡扣设计，与后面所说的环形卡扣近似；在环形卡扣上增加一些切口，使卡扣具有更好的弹性，同时安装时卡扣所受力也变为主要承受弯曲力。

图 4-3-9　四边悬臂卡扣　　　　　　　　　　　图 4-3-10　非连续环形卡扣设计

2. U 形卡扣

　　U 形卡扣属于悬臂弹性卡扣的一种，它是在简单悬臂卡扣的基础上，增加 U 形结构，进一步增加卡扣的弹性，如图 4-3-11 所示。U 形卡扣可以具有很大的扣合保持力，同时，U 形槽的存在使拆卸时可以手动拨动卡扣，方便拆卸。这种卡扣结构常见于电池盖及一些需要多次拆卸的卡扣结构。

3. 扭力卡扣

　　装配时，扭力卡扣主要承受扭力（剪切力），常用于需要多次拆卸的卡扣结构，如连接器扣合。不同于 U 形卡扣，扭力卡扣主要是通过一个转轴（或扭转支点）传递力矩来实现卡扣的扣合与拆卸，如图 4-3-12 所示。

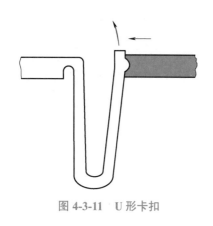

图 4-3-11　U 形卡扣

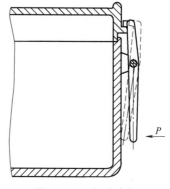

图 4-3-12　扭力卡扣

4. 环形卡扣

环形卡扣呈轴对称结构，卡扣装配时承受多方向应力，通过一整圈连续的卡扣来实现两个零件的连接，如图 4-3-13 所示。这种卡扣常用于笔筒、灯罩等产品，卡扣本身不具有弹性，扣合与拆卸过程主要通过零件材料本身的变形实现，故卡扣的扣合量一般做得比较小。

5. 球形卡扣

球形卡扣主要也是依靠零件材料本身的变形来实现扣合与拆卸。不同于环形卡扣，其卡扣部分是一个球面，连接后的两个零件可以沿球心实现一定角度的三维旋转，如图 4-3-14 所示。

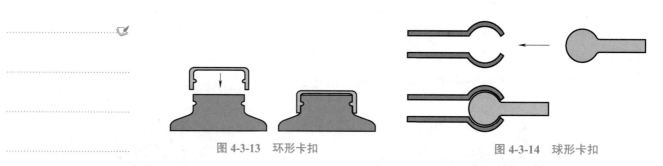

图 4-3-13　环形卡扣

图 4-3-14　球形卡扣

知识点 4：产品结构设计的基本知识——加强筋

加强筋主要用于加强产品的壳体强度，增加刚性，防止产品变形扭曲，而且不会出现因为增加了刚性而导致产品外观表面缩水等不良问题，是降低产品成本、增加产品强度的有效方式。

1. 加强筋的设计原则

1）加强筋的厚度应小于被加强的产品壁厚，以防止连接处产生凹陷。

2）加强筋的高度不宜过高，一般高度小于 3 倍壁厚。否则会使筋部受力破坏，降低自身刚性。为了增加产品的刚度，可以增加加强筋的数目而不是增加其高度。

3）加强筋的斜度可大些，一般应大于 1.5°，以便于脱模，避免顶出时损伤产品表面。

4）加强筋根部圆角会影响加强筋根部厚度，从而间接影响缩痕，因此圆角不能过大，如果必须设置圆角，圆角半径最好不大于壁厚的 1/4。

5）多条加强筋要分布得当，相互错开排列，以减少收缩不均。

2. 加强筋的设计形式

1）当有多条加强筋交叉连接时，应注意防止材料局部集中堆积，避免背部产生缩痕，可参考图 4-3-15 所示的方式设计。

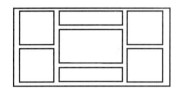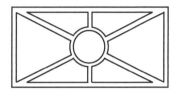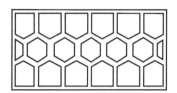

图 4-3-15　不同的加强筋截面形状

2）加强筋的设计排列合理，中间挖空，如图 4-3-16 所示。

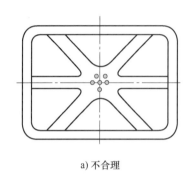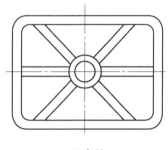

a) 不合理　　　　　　　　　　　　b) 合理

图 4-3-16　加强筋排列设计

3）加强筋与外壁连接时，应尽量保持加强筋与外壁垂直，如图 4-3-17 所示。

4）为了增加产品的刚度，应增加加强筋的数目而不是增加其高度，加强筋应设计得矮一些、多一些为好。

5）如果空间允许，加强筋或螺柱等结构应避免设计在比较陡的斜面上，无法避免时要注意做防缩处理。

6）如果螺柱或立柱过高或者需要承受一定的力，则需要设计加强筋以增强其强度，如图 4-3-18 所示。加强筋大端厚度的取值范围为 $0.4t$~$0.6t$（t 为料厚），一般取值是料厚的 50%。加强筋的高度一般不大于 $3t$。加强筋与零件表面的距离一般不小于 1.0mm。

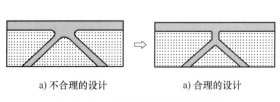

a) 不合理的设计　　　　　a) 合理的设计

图 4-3-17　加强筋与外壁连接设计

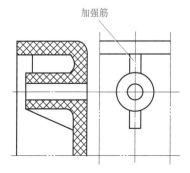

图 4-3-18　立柱加强筋设计

学习情境 4-4　水陆两栖车创新设计及 3D 打印

📝 学习情境描述

　　在前面的学习情境中已经完成了水陆两栖车逆向设计和结构设计，但由于该水陆两栖车外形硬朗、棱角分明，客户要求在此基础上进行外观创新设计，要求设计流线型外观，内部结构保持不变。最后，利用 3D 打印技术制造出组件的实物模型，进行装配来验证新产品设计的效果，从而完成一个新产品创新设计开发的完整流程。水陆两栖车效果图如图 4-4-1 所示。

图 4-4-1　水陆两栖车效果图

🎯 学习目标

一、知识目标

1. 了解常用的产品创新设计方法。

2. 熟练掌握从产品创新设计开发到 3D 打印验证的整个工艺流程。

3. 熟练使用常用的三维设计软件进行水陆两栖车创新设计。

4. 熟练掌握光固化 3D 打印机的基本操作步骤。

二、能力目标

1. 能够独立分析并撰写创新设计说明书，能清楚地表达设计思路。

2. 能够根据水陆两栖车的实际装配需求，选择合适的 3D 打印机。

3. 能够熟练地操作光固化 3D 打印机完成水陆两栖车部件的 3D 打印。

4. 能够熟练地操作工具对 3D 打印样件与实物配件进行装配，验证创新设计效果。

三、素养目标

1. 培养学生发现实际问题和研究应用问题的实践能力。

2. 培养学生团队协作解决实际问题的实践能力。

3. 培养学生的创新思维和创新意识。

📋 任务书

　　根据前面学习情境完成的水陆两栖车逆向设计和结构设计，进行产品外观创新设计，要求设计流线型外观，采用文字和图片结合的形式，从经济性、规范性、安全性和环保等方面阐述创新设计思路，提交创新设计报告书，内容包含创新设计的背景、设计方案、设计计算、设计创新点等。

　　根据学习情境 4-3 设计的水陆两栖车部件，对创新设计的车身上盖、下盖、齿轮传动壳体、电动机安装后端壳体、电池盒盖的三维设计文件进行封装和打印参数设置，打印出样件（图 4-4-2）。对打印的样件进行去支撑、表面修整等后处理，以保证零件质量达到要求。将 3D 打印得到的样件与其他提供的实物机构装配为一个整体，结合机械、电气装配工艺知识，进行水陆两栖车装配，分别实现在地面和水上自动遥控行走的功能，包括起动、停止、转向等动作，并进行测速，检查密封效果，验证创新设计的效果。

a) 产品实物　　　　　　　　　　　　　　　b) 外观创新设计效果图

图 4-4-2　水陆两栖车创新设计

从市场采购的水陆两栖车配件如下。

1. 电动机及信号接收 PCB 板

电路参数及接线说明见表 4-4-1。

表 4-4-1　电路参数及接线说明

参数	取值	参数	取值
遥控器电压 /V	3（2 节 5 号 AA 电池）	电流 /A	0~4
接收板电压 /V	DC 4.5~7.2	遥控频率 /GHz	2.4
遥控器尺寸 /mm	100 × 100 × 36	接收 PCB 板尺寸 /mm	60 × 25
导线长度 /mm	约 120		
接线说明			
VCC 线	红线接电源正极		
GND 线	黑线接电源负极		
B、F 线	F 与 B 字符处的 2 根线（蓝线和白线）接电动机 1		
R、L 线	R 与 L 字符处的 2 根线（蓝线和白线）接电动机 2		

2. 遥控器（图 4-4-3）

图 4-4-3　遥控器

3. 标准件

1）自攻螺钉 GB/T 846—2017，M2.5×5，数量 10 个。

2）自攻螺钉 GB/T 846—2017，M2.5×7，数量 15 个。

3）螺钉 GB/T 819.1—2016，M3×7，数量 10 个。

4. 接线端子

采用免压焊锡环热缩管防水快速接线端子，如图 4-4-4 所示。

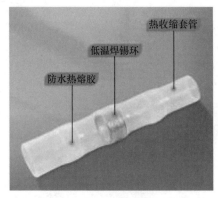

图 4-4-4　免压焊锡环热缩管防水快速接线端子

任务分组

学生任务分配表见表 4-4-2。

表 4-4-2　学生任务分配表

班级		组号		指导教师	
组长		学号		组长电话	
组员	姓名	学号	具体任务分工		

🖥 任务实施

引导问题 1： 产品创新设计的方法有哪些?

_____

_____

_____

引导问题 2： 根据前面学习的常见的 3D 打印工艺及其应用场合，分组讨论本任务的模型应该选用哪一种 3D 打印技术? 并说明原因。

_____

_____

_____

引导问题 3： 常见的光固化 3D 打印机的结构及工作原理是什么?

_____

_____

_____

引导问题 4： 使用光固化 3D 打印机时需要注意的安全事项有哪些?

_____

_____

_____

引导问题 5： 光固化 3D 打印机的日常维护项目有哪些?

_____

_____

_____

引导问题 6： 使用光固化切片软件 AccuWare 完成创新设计的水陆两栖车上盖的数据切片任务，导出切片文件，将切片工艺参数填入表 4-4-3。

表 4-4-3　水陆两栖车上盖光固化打印切片工艺参数

切片工艺参数		参数值	影响因素
主要参数	层厚		
	光固化打印材料		

（续）

切片工艺参数		参数值	影响因素
支撑相关参数	支撑顶部半径		
	支撑底部半径		
	支撑间距		
	工件抬升高度		
	是否添加内支撑		

引导问题 7：使用光固化 3D 打印机打印的样件后处理工艺有哪些？

_____

_____

_____

_____

水陆两栖车创新设计及 3D 打印任务实施思路见表 4-4-4。

表 4-4-4   水陆两栖车创新设计及 3D 打印任务实施思路

实施步骤	主要内容	实施简图	操作视频
1	根据原有车型齿轮箱和车轮等零部件，完成水陆两栖车外壳曲面创新设计	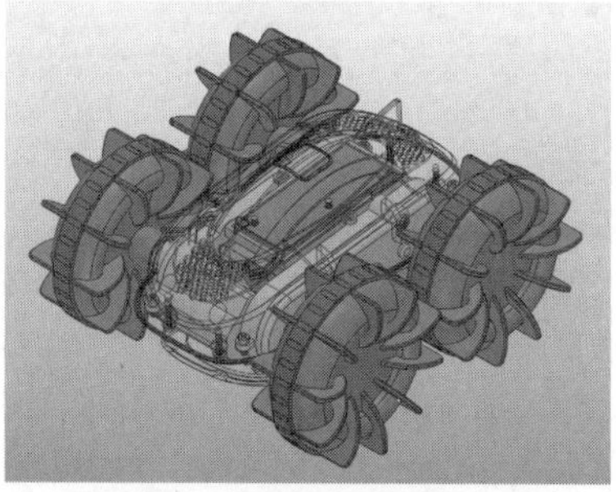	4-4-1 外壳曲面创新设计
2	新款水陆两栖车上、下盖与原齿轮箱等配件的内部配合结构设计	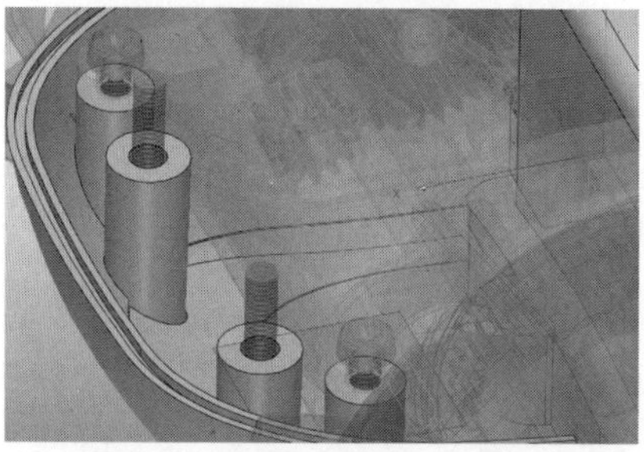	4-4-2 内部配合结构设计
3	新款水陆两栖车上、下盖与车轮等配件的外部配合结构设计	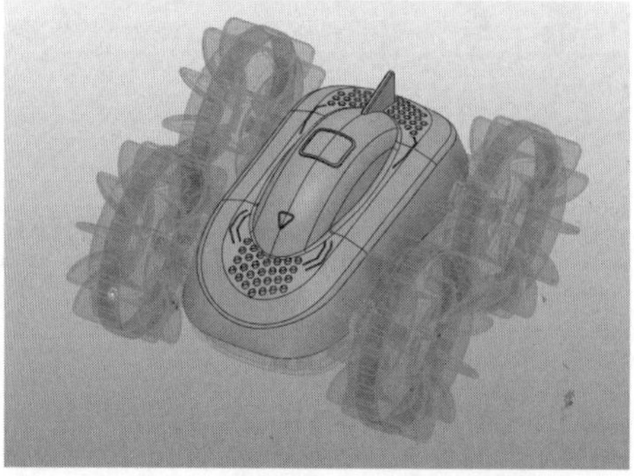	4-4-3 外部配合结构设计

（续）

实施步骤	主要内容	实施简图	操作视频
4	新款水陆两栖车下盖电池盒盖结构设计		4-4-4　电池盒盖结构设计
5	新款水陆两栖车整车装配，通过展示动画以及装拆动画观察整车设计模型		4-4-5　整车装配
6	水陆两栖车创新设计结果数据输出，导出 ST1 通用格式以便后续打印		4-4-6　创新设计模型数据输出
7	打开光固化 3D 打印机切片软件，导入数据，对模型位置进行适当调整与摆放，确定最佳摆放方向，从而可以减少支撑、增大打印成功率		4-4-7　光固化打印数据切片
8	基于材料、产品结构和打印机性能，对软件的切片参数进行设置，合理的切片参数设置可以提高打印质量、减少打印时间		

（续）

实施步骤	主要内容	实施简图	操作视频
9	切片完毕，预览打印效果、耗材用量及预计用时。保存 Gcode 文件到 U 盘，将 U 盘插入 3D 打印机插口，选择文件进行打印		 4-4-8 光固化打印及后处理
10	将 3D 打印的样件去除支撑后，经过后处理操作，最终得到表面光滑的新产品样件		
11	将经过后处理的水陆两栖车创新设计外壳 3D 打印样件进行装配验证，完成整个设计流程		 4-4-9 创新设计结果装配验证

评价反馈

首先，学生进行自评，评价自己能否完成本学习情境的学习目标，并按时完成实训报告等，检查任务有无遗漏，将结果填入表 4-4-5 中；然后，学生以小组为单位进行团队协作，对学习情境的实施过程与结果进行互评，将互评结果填入表 4-4-6 中；最后，教师对学生的工作过程与工作结果进行评价，评价内容包括工作过程相关学习目标是否达到，报告内容数据是否出自实训工作过程且真实合理，工作结果分析是否合理，是否养成良好的职业素养，项目成果报告是否表达准确、认识体会是否深刻等，并将评价结果填入表 4-4-7 中。

表 4-4-5 学生自评表

班级		姓名		学号		组别	
学习情境 4-4			水陆两栖车创新设计及 3D 打印				
评价指标		评价标准			分值		得分
产品开发设计流程		掌握新产品创新设计开发的一般流程			10		
产品创新设计方法		理解常用的产品创新设计方法			10		

（续）

评价指标	评价标准	分值	得分
外观创新设计	熟练操作三维曲面设计软件完成水陆两栖车外观创新设计，并进行合理的结构设计	10	
创新设计说明书	熟练撰写创新设计说明书，能清楚地说明设计思路	10	
光固化 3D 打印	熟练操作光固化 3D 打印机完成水陆两栖车部件的 3D 打印	10	
装配验证	将 3D 打印得到的样件与实物配件进行装配，并进行测速，验证创新设计效果	10	
工作态度	态度端正，没有无故缺勤、迟到、早退现象	10	
工作质量	能按计划完成工作任务	10	
协调能力	能与小组成员、同学合作交流，协调工作	5	
职业素质	能做到安全生产、文明施工、爱护公共设施	10	
创新意识	通过学习逆向工程技术的应用，理解创新的重要性	5	
合计		100	

有益的经验和做法	
总结、反思和建议	

表 4-4-6　小组互评表

班级		组别		日期					
评价指标	评价标准		分值	评价对象（组别）得分					
				1	2	3	4	5	6
信息检索	该组能否有效利用网络资源、工作手册查找有效信息		5						
	该组能否用自己的语言有条理地解释、表述所学知识		5						
	该组能否将查到的信息有效地运用到工作中		5						
感知工作	该组是否熟悉各自的工作岗位，认同学习情境的工作价值		5						
	该组成员在工作中是否获得了满足感		5						
参与状态	该组与教师、同学之间是否相互尊重和理解		5						
	该组与教师、同学之间是否能够保持多向、丰富、适宜的信息交流		5						
	该组能否处理好合作学习和独立思考的关系，做到有效学习		5						
	该组能否提出有意义的问题或发表个人见解，能否按要求正确操作		5						
	该组成员是否能够倾听、协作、分享		5						
学习方法	该组制订的工作计划、操作技能是否符合规范要求		5						
	该组是否获得了进一步发展的能力		5						

（续）

评价指标	评价标准	分值	评价对象（组别）得分					
			1	2	3	4	5	6
工作过程	该组是否遵守管理规程，操作过程是否符合现场管理要求	5						
	该组平时上课的出勤情况和每天完成工作任务情况	5						
	该组是否善于多角度思考问题，能否主动发现、提出有价值的问题	15						
思维状态	该组是否能发现问题、提出问题、分析问题、解决问题、有创新思维	5						
自评反馈	该组是否能按时按质完成工作任务，并进行成果展示，是否较好地掌握了专业知识点	5						
	该组是否能严肃认真地对待自评，并能独立完成自评表格	5						
小组互评分数		100						

表 4-4-7　教师综合评价表

班级		姓名		学号		组别	
学习情境 4-4			水陆两栖车创新设计及 3D 打印				

评价指标		评价标准	分值	得分
线上学习（20%）	视频学习	完成课前预习知识视频学习	10	
	作业提交	在线开放课程平台预习作业提交	10	
工作过程（30%）	产品开发设计流程	掌握新产品创新设计开发的一般流程	5	
	产品创新设计方法	理解常用的产品创新设计方法	5	
	外观创新设计	熟练操作三维曲面设计软件完成水陆两栖车外观创新设计，并进行合理的结构设计	5	
	创新设计说明书	熟练撰写创新设计说明书，能清楚地说明设计思路	5	
	光固化 3D 打印	熟练操作光固化 3D 打印机完成水陆两栖车部件的 3D 打印	5	
	装配验证	将 3D 打印得到的样件与实物配件进行装配，并进行测速，验证创新设计效果	5	
职业素养（20%）	工作态度	学习态度端正，没有无故迟到、早退、旷课现象	4	
	协调能力	能与小组成员、同学合作交流，协调工作	4	
	职业素质	能做到安全生产、文明操作、爱护公共设施	4	
	创新意识	能主动发现、提出有价值的问题，完成创新设计	4	
	6S 管理	操作过程规范、合理，及时清理场地，恢复设备	4	
项目成果（30%）	工作完整	能按时完成任务	10	
	任务方案	能按时完成水陆两栖车部件的 3D 打印及装配验证	10	
	成果展示	能准确地表达、汇报工作成果	10	
合计			100	

综合评价	自评（20%）	小组互评（30%）	教师评价（50%）	综合得分

大国工匠胡双钱

胡双钱，上海飞机制造有限公司高级技师，数控机加工车间钳工组组长（图4-4-5）。他不仅亲身参与了中国人在民用航空领域的首次尝试——运10飞机的研制，更在ARJ21新支线飞机及中国新一代大飞机C919的项目研制中做出了重大贡献。在他35年的从业生涯中，他加工的数十万个零部件中没有一个次品，他也因此被人们称为"航空手艺人"。

在胡双钱工作的厂房里，布满了现代化的数控机床加工设备。对比之下，胡双钱和他的钳工班组显得不那么起眼，他们使用的大量手工工具像老古董一样陈旧，但正是这群人担负起了大飞机制造过程中不可缺少的关键一环——对重要零部件的细微调整，哪怕是在科技如此发达的今天，这些精细活仍然需要靠手工完成。在胡双钱眼里，只要是自己经手的活儿就一定要认真对待，不求急不求快，"慢一点、稳一点、精一点、准一点"地把每一个零部件加工好。

当国家启动ARJ21新支线飞机和大型客机研制项目时，胡双钱几十年的积累和沉淀终于有了用武之地。2003年，胡双钱开始参与ARJ21新支线飞机项目。这一次，他对质量有了更高的要求。他深知ARJ21是民用飞机，承载着全国人民的期待和梦想，又是国内"首创"，风险和要求都高了很多。

不管是多么简单的加工，胡双钱都会在干活前认真核校图样，操作时小心谨慎，加工完多次检查。他不仅保质保量地完成了加工，还凭借多年积累的经验和对质量的执着追求，在零件制造中大胆地进行工艺技术攻关和创新。

有了在支线飞机项目中的经验和成绩，在接下来的C919大型客机研制项目中，胡双钱有了更大的自信和斗志。

2015年11月2日，C919大型客机首架机正式下线，这标志着我国自主研发大飞机的梦想终于实现，而这对于担任大飞机制造的首席钳工技师胡双钱而言同样意义非

图4-4-5 大国工匠胡双钱

凡，这也标志着他坚持了35年的梦想再次实现，从青年到中年，在坚守的路途中他用一个个零件提升着自己的技术，用一次次的挑战巩固着自己的能力。

胡双钱的手艺和职业道德，不仅在工作中得到了工友们的钦佩，同时也获得了各级政府部门的认可。工作35年来，胡双钱先后获得全国劳动模范、全国"五一劳动奖章"、上海市质量金奖等荣誉称号。

📠 学习情境相关知识点

知识点 1：光固化 3D 打印技术

现在主流的光固化 3D 打印技术分为三种：立体光刻（SLA）、全数字投影显示（DLP）、光固化打印（LCD）。

SLA 技术是第一代光固化主流技术，它在国内有多种翻译方法，如立体光刻、立体印刷、光造型等。SLA 技术不仅是世界上最早出现并实现商品化的一种快速成型技术，也是研究最深入、应用最广泛的快速成型技术之一。SLA 技术的基本原理是利用紫外激光（波长为 355nm 或 405nm）作为光源，并用振镜系统来控制激光光斑扫描，激光束在液态树脂表面勾画出物体的第一层形状，然后打印平台下降一定的距离（0.050~0.025mm），再让固化层浸入液态树脂中，如此反复，最终完成实体打印。

DLP 技术的基本原理是通过高速旋转的红色、蓝色和绿色轮盘投射光线，然后再投射到 DLP 晶圆上进行反射成像。DLP 技术主要是通过投影仪逐层固化光敏聚合物液体，从而创建出 3D 打印对象的一种快速成型技术。这种成型技术首先利用切片软件把模型切成薄片，投影机播放幻灯片，每一层图像在树脂层很薄的区域产生光聚合反应固化，形成零件的一个薄层，然后成型台移动一层，投影机继续播放下一张幻灯片，继续加工下一层，如此循环，直达打印结束，所以其不但成型精度高，而且打印速度非常快。

对 LCD 技术最简单的理解，就是将 DLP 技术中的光源用 LCD 来代替。每一种光固化技术的核心都是围绕光源问题的解决方案，从激光扫描的 SLA 到数字投影的 DLP，再到 LCD 技术。LCD 技术利用液晶屏 LCD 成像原理，在计算机及显示屏电路的驱动下，由计算机程序提供图像信号，在液晶屏上出现选择性的透明区域，紫外光通过透明区域，照射树脂槽内的光敏树脂耗材进行曝光固化，每一层固化时间结束，平台托板将固化部分提起，让树脂液体补充回流，平台再次下降，模型与离型膜之间的薄层再次被紫外线曝光。由此逐层固化上升打印之后，得到精美的立体模型。光固化 3D 打印的戒指如图 4-4-6 所示，光固化 3D 打印机如图 4-4-7 所示。

图 4-4-6　光固化 3D 打印的戒指

图 4-4-7　光固化 3D 打印机

知识点 2：光固化 3D 打印机的操作流程

1. 开启打印机

将电源线一端插入机器侧面的电源接口，另一端再插入电源插座。之后按下电源开关，并将其接入网络，为打印模型环节做准备。

2. 调平打印平台

打印平台的平整度是确保打印成功的关键，调平前需要确保打印平台已清洁并安装到位。另外，调平时不需要安装料盒，必须确保料盒为移除状态。

调平方法如下：

1）将一张 A4 打印纸放置在 LCD 屏幕上，务必保证 A4 纸是干净的并且没有过分褶皱。将打印平台上的四颗螺钉全部松开，确保此时打印平台可以自由活动。

2）在主界面单击"设置"→"硬件设置"→"电机设置"→"移动至零位"按钮。

3）等待打印平台降到最下方，尝试抽出 A4 纸，如果 A4 纸不能被抽出，则打印平台调平基本成功；如果 A4 纸可以被抽出，需要在选择界面中单击"零位调整"后单击"向下微调"，调整过程中应逐步接近，反复确认。

4）以对角线的顺序锁紧打印平台上的四颗螺钉，然后单击"确认"按钮，完成打印平台的调平。

3. 添加打印材料

在已安装的料盒中添加树脂材料，倒入前均匀摇晃瓶身 2min 左右使树脂搅拌均匀。添加时注意不要低于料盒上所示的最低液位（MIN），也不能高于最高液位（MAX）。

4. 切片处理

在切片软件的打印设置页完成机器类型、机器名称、打印材料和层厚的设置后，将 STL、OBJ、BEB 格式的模型文件添加到 AccuWare 软件中，从位置、角度、尺寸、数量、支撑方面编辑模型，之后进行模型切片，最后将生成的".slp4"格式的打印数据保存到 U 盘中。

4-4-10　光固化 3D 打印机的安装
4-4-11　光固化 3D 打印机打印平台的调平

5. 模型打印

1）将 U 盘插入光固化打印机前面板 USB 接口后，依次单击"队列"→右下角"U 盘文件导入"按钮。

2）在 USB 文件列表中单击选择需要打印的模型，跟随打印向导进入打印确认界面，确认树脂、料盒、光路均无问题并勾选相关选项后，单击"下一步"按钮开启设备自动打印。

3）打印完成后，取下模型进行剥离支撑、清洗、固化等后处理操作。

4-4-12　光固化 3D 打印模型切片软件功能
4-4-13　光固化 3D 打印机模型打印与后处理

知识点 3：光固化 3D 打印机操作安全事项

1）打印原材料为光敏聚合物树脂材料，这种树脂溶液稳定、安全，在检测数据中未发现对人体有害的物质，但人体皮肤直接接触后可能造成不良刺激性反应，可能造成皮肤刺激性皮炎，因此在使用过程中，操作人员需要佩戴一次性橡胶耐油手套。若皮肤接触后，需要脱去污染的衣着，用肥皂和清水彻底冲洗皮肤。

2）打印机及固化箱设备工作时，光源会发射波长为405nm的光，应避免直视伤害到眼睛。使用过程中，务必时刻保持设备的前遮光门关闭。若眼睛接触后，需要立即翻开上下眼睑，用流动的清水或生理盐水冲洗至少15min，之后立即就医。

知识点4：3D打印机的日常维护项目

1）为了保证模型打印质量，当打印机正在打印或打印刚完成时，应保持机器门关闭，保持打印环境温度，禁止用手触摸模型、料盒、打印平台或设备其他部分。

2）使用酒精清洗打印后的模型时，建议酒精浓度在75%以上，对于较小的部件，可相应减少浸泡时间，浸泡时间过长会导致模型变软。

3）打印机配件中包含尖锐工具，可能包括扁头镊子、清洁铲刀。使用这些工具进行模型剥离及支撑移除时，由于清理工具相对锋利，清理时应小心防止刮伤，需要做好安全防护工作，如戴好工作安全手套。

4）更换料盒时应先将打印平台取下，避免树脂污染LCD屏幕。

5）打印不同材料时的曝光时间参数设置不同。

📑 项目拓展训练

1）根据本项目所学的产品逆向设计方法，利用逆向设计软件对图4-4-8所示的电动雕刻笔进行逆向设计，创新设计产品的便携固定座，并进行3D打印验证设计结果。

2）根据本项目所学的产品逆向设计方法，利用逆向设计软件对图4-4-9所示的卡通小马玩具进行逆向设计，创新设计一款按压行走玩具，并进行3D打印验证设计结果。

4-4-14　电动雕刻笔点云数据

图4-4-8　电动雕刻笔

图4-4-9　卡通小马玩具

4-4-15　卡通小马点云数据

3）根据本项目所学的产品逆向设计方法，利用逆向设计软件对图4-4-10所示的手压风扇进行逆向造型和外观创新设计，并进行3D打印验证设计结果。

4）根据本项目所学的产品逆向设计方法，利用逆向设计软件对图4-4-11所示的电动船进行逆向造型和外观创新设计，并进行 3D 打印验证设计结果。

图 4-4-10　手压风扇

图 4-4-11　电动船

参 考 文 献

［1］刘鑫.逆向工程技术应用教程［M］.2版.北京：清华大学出版社，2022.

［2］王嘉，田芳.逆向设计与3D打印案例教程［M］.北京：机械工业出版社，2020.

［3］刘明俊.逆向造型综合实训教程［M］.北京：机械工业出版社，2020.

［4］刘永利，张静.逆向建模与产品创新设计［M］.北京：机械工业出版社，2023.

［5］殷红梅，刘永利.逆向设计及其检测技术［M］.北京：机械工业出版社，2020.

［6］成思源，杨雪荣.Geomagic Design X 逆向设计技术［M］.北京：清华大学出版社，2015.

［7］辛志杰.逆向设计与3D打印实用技术［M］.北京：化学工业出版社，2017.

［8］杨晓雪，闫学文.Geomagic Design X 三维建模案例教程［M］.北京：机械工业出版社，2016.